Hans-Jürgen Kratz

30 Minuten

Onboarding

Bibliografische Information der Deutschen Nationalbibliothek
Die Deutsche Nationalbibliothek verzeichnet diese Publikation in der Deutschen Nationalbibliografie; detaillierte bibliografische Daten sind im Internet über http://dnb.d-nb.de abrufbar.

ISBN 978-3-86936-019-3

Umschlaggestaltung: die imprimatur, Hainburg
Umschlagkonzept: Martin Zech Design, Bremen
Lektorat: Eva Gößwein, Berlin
Autorenfoto: Ringfoto Schattke, Cuxhaven
Satz: Zerosoft, Timisoara (Rumänien)
Druck und Verarbeitung: Salzland Druck, Staßfurt

Wir drucken in Deutschland.

www.gabal-verlag.de
www.twitter.com/gabalbuecher
www.facebook.com/Gabalbuecher
www.instagram.com/gabalbuecher

PEFC
PEFC/04-31-2251

PEFC zertifiziert
Dieses Produkt stammt aus nachhaltig bewirtschafteten Wäldern und kontrollierten Quellen.
www.pefc.de

In 30 Minuten wissen Sie mehr!

Dieses Buch ist so konzipiert, dass Sie in kurzer Zeit prägnante und fundierte Informationen aufnehmen können. Mithilfe eines Leitsystems werden Sie durch das Buch geführt. Es erlaubt Ihnen, innerhalb Ihres persönlichen Zeitkontingents (von 10 bis 30 Minuten) das Wesentliche zu erfassen.

Kurze Lesezeit

In 30 Minuten können Sie das ganze Buch lesen. Wenn Sie weniger Zeit haben, lesen Sie gezielt nur die Stellen, die für Sie wichtige Informationen beinhalten.

- Alle wichtigen Informationen sind blau gedruckt.

- Schlüsselfragen mit Seitenverweisen zu Beginn eines jeden Kapitels erlauben eine schnelle Orientierung: Sie blättern direkt auf die Seite, die Ihre Wissenslücke schließt.

- *Zahlreiche Zusammenfassungen innerhalb der Kapitel erlauben das schnelle Querlesen.*

- Ein Fast Reader am Ende des Buches fasst alle wichtigen Aspekte zusammen.

- Ein Register erleichtert das Nachschlagen.

Inhalt

Vorwort

Der Begriff Onboarding leitet sich vom Englischen „taking on board“ (an Bord nehmen) ab und bezeichnet eine möglichst vollständige und baldige Integration neuer Mitarbeiter in ein Unternehmen. Onboarding ist wichtig, denn eine sorgfältige Bewerberauswahl allein genügt nicht, um eine offene Stelle mit einem Mitarbeiter zu besetzen, der dem Betrieb längerfristig und engagiert sein Potenzial zur Verfügung stellt. Nach dem Finden des passenden Mitarbeiters kommt es darauf an, diesen für längere Zeit bei guter Motivation an das Unternehmen zu binden. Ein erfolgreiches Onboarding stellt den Start für die gewünschte Firmenbindung dar. Es ist prägend für die spätere Einstellung des Neulings zu seiner Arbeit, seinen Mitarbeitern, seinen Kollegen, seinem Vorgesetzten und seinem Arbeitgeber sowie für seine Einsatz- und Leistungsbereitschaft.

Dieses Buch gibt Ihnen praxisorientierte Grundregeln an die Hand, mit deren Hilfe Sie neue Mitarbeiter schnell und erfolgreich im Betrieb einführen können. Darüber hinaus ermöglicht es Ihnen das Aufstellen eines exakten und flexiblen Einführungsprogramms für jeden neuen Mitarbeiter. Dieses Einführungsprogramm soll den organisatorischen Ablauf des Onboardings regeln und die zu beachtenden sachlichen, soziologischen, pädagogischen und psychologischen Gesichtspunkte erfassen.

Meine Empfehlungen beziehen sich zunächst auf das Onboarding betriebsfremder Mitarbeiter. Sie lassen

sich aber auch auf die Einführung von Betriebsangehörigen bei innerbetrieblichen Umsetzungen übertragen. Unternehmen reagieren auf Markt- und Wettbewerbsveränderungen flexibel mit Umstrukturierungen. Dann wird oft das Personalkarussell in Gang gesetzt mit der Folge, dass Mitarbeiter auf allen Ebenen mehr oder weniger freiwillig neue Funktionen übernehmen. Insbesondere in dynamischen Branchen wechseln Mitarbeiter alle zwei bis drei Jahre, bisweilen noch öfter, ihren Arbeitsplatz. Manche Unternehmen praktizieren nach einem klaren Inhalts- und Zeitkonzept eine Jobrotation, die den Einzelnen in immer neue berufliche Positionen zwingt. Auch können gezielte Einführungen für Mitarbeiter erforderlich werden, die nach abgeschlossener innerbetrieblicher Stellenausschreibung eine Beförderungsstelle übernehmen sollen. Darüber hinaus kann sich ein Onboarding bei der Rückkehr aus einer längeren Erkrankung, aus einer entfremdenden Auslandsverwendung, aus der Elternzeit oder längeren unbezahlten Freistellungsphasen als sehr hilfreich erweisen.
Halten wir fest: Für immer mehr Arbeitnehmer wird künftig ein Arbeitsplatzwechsel und damit eine unbekannte Arbeitsumgebung zum Alltag. Demzufolge gewinnt die Förderung einer baldigen erfolgreichen Integration zunehmend an Bedeutung.

Hans-Jürgen Kratz
www.personaltraining-kratz.de

30 MINUTEN

Was kann am ersten Arbeitstag schieflaufen?

Seite 10

Wie reagieren die Menschen im Unternehmen auf den Neuzugang?

Seite 12

Wie fühlt sich der Neuling zu Beginn am neuen Arbeitsplatz?

Seite 17

1. Neu im Unternehmen

Eine sorgfältige Bewerberauswahl führt zur Besetzung der offenen Arbeitsstelle. Das Unternehmen hat damit eine kostenträchtige Investition vorgenommen (für Werbung, Einstellung und Einarbeitung müssen nach vorsichtiger Schätzung zwischen 500 Euro bei Hilfsarbeitern und 30.000 bis 40.000 Euro bei besonders qualifizierten Mitarbeitern aufgewendet werden). Während bei einer Investition in Betriebsmittel das Risiko einer Fehlentscheidung durch verantwortungsbewusste Informationsbeschaffung, Planung, Rentabilitätsberechnungen usw. vermindert wird, ist die „Investition in den Menschen" mit weit höheren Unsicherheitsfaktoren behaftet.

1.1 Der erste Eindruck

Wenngleich es erhofft und erwartet wird, ist es zunächst fraglich, ob ein neuer Mitarbeiter einem Unternehmen langfristig seine ganze Arbeitskraft zur Verfügung stellen wird. Ein Trugschluss ist es, die gute technische und/oder finanzielle Ausstattung einer Firma oder die gegenwärtig gesicherte Wettbewerbsposition als entscheidende Faktoren für ein Weiterbestehen am Markt anzusehen. Als „sicher" eingestufte Erbhöfe lassen sich ohne wollende (= gut motivierte) und können-de (= fachlich qualifizierte) Mitarbeiter nicht mehr erfolgreich bewirtschaften.

Doch wem sind nicht schon Berichte von peinlichen Begebenheiten am ersten Arbeitstag zu Ohren gekommen? Dem Neuling wurde der Zugang zum Gelände verwehrt, weil der Pförtner den „Namen nirgends finden" konnte. In der Abteilung wusste niemand, dass ein Neuer kommt, der Arbeitsplatz war nicht vorbereitet, keiner hielt es für nötig, den Neuling zu begrüßen, mittags waren plötzlich alle verschwunden usw.

Die Einstellung des Neuen zum Unternehmen hängt weitgehend von seiner Einführung in den Betrieb ab!

Gewinnt er bereits bei seinem Start den Eindruck, dass er eingestellt, vernachlässigt und nun „abgelegt" wurde, verliert er das Vertrauen in seinen neuen Arbeitgeber. Gleiches gilt, wenn im Bewerbungsverfahren geweckte Erwartungen enttäuscht werden. Die Einführung kann also darüber entscheiden, ob das

Unternehmen einen freundlichen, aufgeschlossenen und gut motivierten oder aber einen enttäuschten und missmutigen Mitarbeiter erhält.

Einführung des neuen Mitarbeiters

Positive Eindrücke beim neuen Mitarbeiter	**Negative** Eindrücke beim neuen Mitarbeiter
↓	↓
Befriedigung	Enttäuschung
↓	↓
Sicherheit, Arbeitsfreude, Leistungssteigerung	Unsicherheit, Arbeitsunlust, Leistungsschwund
↓	↓
Geringe Fluktuationsbereitschaft	Ausgeprägte Fluktuationsbereitschaft

Der Mitarbeiter ist die wertvollste Ressource und der wichtigste Produktionsfaktor des Unternehmens, auf ihn kommt es entscheidend an. Umso wichtiger ist es, dass sein erster Eindruck vom Unternehmen positiv ausfällt.

1.2 Die Erwartungen im Unternehmen

Welche Erwartungen bestehen im Unternehmen, wenn ein neuer Mitarbeiter seine Arbeit aufnimmt?

Die Situation des Vorgesetzten

Vorgesetzte hoffen, dass ihr neuer Mitarbeiter ihren Erwartungen entspricht und die Einarbeitungsphase kurz sein wird. Etwas Geduld ist allerdings angebracht. Selbst leistungswillige und -fähige Mitarbeiter benötigen eine angemessene Zeit, bis sie die Ergebnisse bringen, für die sie eingestellt wurden. Wer sofort Perfektion verlangt, setzt den Neuling unter übertriebenen Erfolgsdruck. Zu einfache Aufgaben sollte man ihm jedoch auch nicht zuweisen, auch großzügige Zeitvorgaben und ein „Schongang" sind nicht sinnvoll. Vielmehr sollten die anfänglichen Aufgaben so dosiert sein, dass der neue Mitarbeiter herausgefordert und dadurch sein Leistungsvermögen erkennbar wird.
So mancher Vorgesetzter mag auch wehmütig an den Vorgänger denken, der sämtliche Aufgaben reibungslos und routiniert erledigt hat. Den Vorgänger gilt es nun zu vergessen! Da jeder Mensch einzigartig ist, wird der neue Mitarbeiter manche Dinge anders sehen und erledigen. Auf diesen neuen Mitarbeiter sollte sich der Vorgesetzte nun konzentrieren und ihm Vertrauen entgegenbringen. Wird die in der Zuständigkeit des Vorgesetzten liegende systematische Einfüh-

rung richtig vollzogen, wird der Mitarbeiter vermutlich über kurz oder lang ebenso erfolgreich sein wie sein Vorgänger.

Apropos Vertrauen: Von der Haltung „Der Neuling muss sich zunächst mein Vertrauen verdienen" sollten sich Vorgesetzte trennen. Denn diese Skepsis bleibt einem sensiblen Neuling nicht verborgen. Das ist alles andere als motivierend. Besser ist es, in Vorleistung zu gehen: „Ich setze mein volles Vertrauen in Sie, dass Sie diese wichtige Aufgabe zu einem erfolgreichen Abschluss bringen." Für Misstrauen gibt es keinen Grund, schließlich kommt ein Neuling nicht in die Firma, um seine Arbeit gegen die Wand zu fahren. Vielmehr will er sich mit seiner Arbeit identifizieren, Eigenverantwortung übernehmen und Erfolgserlebnisse genießen – rundum beste Voraussetzungen, um mit einem Vertrauensvorschuss einen Motivationsschub zu initiieren.

Die Situation des Teams

Im Allgemeinen entwickelt ein eingespieltes Team im Laufe der Zeit – gelegentlich nach einigen Diadochenkämpfen – ein Zusammengehörigkeitsgefühl („Wirgefühl"). Wir fühlen uns in der ausbalancierten Struktur als Teammitglied wohl und heimisch. Schließlich werden hierdurch unsere sozialen Bedürfnisse sowie Sicherheitsbedürfnisse positiv angesprochen. Im Wesen eines gut integrierten Teams liegt es, dass ein Neuling zunächst als Eindringling empfunden wird. Selbst wenn das Verhalten der Gruppe äußerlich entgegenkom-

mend und freundlich ist, stößt der Neuling doch auf vorsichtige und neugierige Zurückhaltung.
Erst nach einer Phase des Miteinander-warm-Werdens ist man sich nicht mehr so fremd. Zunächst stört also der neue Mitarbeiter das eingespielte Selbstverständnis eines Teams und wird als Außenseiter betrachtet. Entspricht er nicht den Erwartungen und Normen des Teams, wird über Sanktionen gezielt Anpassungsdruck ausgeübt. Bisweilen schlägt die Integration des neuen Mitarbeiters fehl und er verlässt bald wieder den Betrieb („Er ist bei uns nicht warm geworden!", „Die persönliche Chemie stimmte nicht!").
In manchen Firmen wird eine Einstellung nur vorgesehen, wenn das Team, dem der Neue künftig angehören soll, zumindest zeitweise in das Auswahlverfahren einbezogen wurde und eine Arbeitsaufnahme empfohlen hat. Hier wird erwartet, dass Ergebnisse abgerundeter sind, wenn mehrere Personen mitgewirkt haben. Das Team kann zumeist die fachliche Qualifikation zutreffend beurteilen und besser einschätzen, welcher der Bewerber, die in die engere Auswahl gelangt sind, am besten in das Team passt. Hier wird erwartet, dass das Team das Onboarding des selbst favorisierten Neulings nicht behindert, sondern Hilfestellung leistet.

Die Situation des einzelnen Kollegen

Jeder einzelne etablierte Kollege betrachtet seinen Funktionsbereich als sein Herrschaftsgebiet, das man gegen alle Angriffe – auch vermeintliche, egal von welcher Seite – verteidigt. Der Neue, den man nicht so richtig einordnen kann, bedeutet zunächst eine Gefahr, der man sich nur vorsichtig nähert. Oft werden Neueingestellte als gefährliche Konkurrenten betrachtet und nicht als Kollegen. So ist es nicht verwunderlich, dass mit der Einstellung eines neuen Kollegen bei manchen Mitarbeitern der „Stuhlsägekomplex" (man befürchtet, der Neue würde an dem Stuhl sägen, auf dem man selbst sitzt) aktiviert wird. Sie agieren dann nach dem Motto „Wehret den Anfängen".

Ist beim Neuen auch noch ein brandaktueller Kenntnisstand oder ein großer Erfahrungsschatz zu vermuten, durch den eigene Defizite erkennbar werden, kommt es immer wieder zu einer bewussten oder unbewussten Abwehrhaltung. Missgönnt ein nicht berücksichtigter etablierter Mitarbeiter dem Neuling den jetzt besetzten Arbeitsplatz, bleiben oft Unstimmigkeiten und Querschüsse nicht aus. Bevor ein reserviertes bis explosives Arbeitsklima entsteht, sollten Vorgesetzte auf eine Bereinigung der Situation achten.

Die Situation des Teams bei einem neuen Vorgesetzten

Einem neuen Vorgesetzten treten Mitarbeiter meist mit kritischer Reserve gegenüber. Sie fragen sich zum Beispiel: Was ist der Neue für ein Mensch? Welche Ziele/ Werte vertritt er? Wie „tickt" der Neue? Ein netter Vorgesetzter? Ein Sklaventreiber, der sich schnell profilieren will? Ein kooperativer Vorgesetzter? Ein Zehnmalgescheiter, der alles verändern möchte? Ob es mit dem Neuen noch schlimmer wird als mit seinem Vorgänger, dem keiner eine Träne nachweint? Wie sollte ich mich auf den Neuen einstellen? Ob es mir bei ihm gelingt, meine Position stärker auszubauen? Etc.

Die Mitarbeiter gehören dem Unternehmen schon länger an, haben zum Betriebserfolg beigetragen und befinden sich in gewohnter Umgebung. Von diesen Tatsachen ausgehend, beobachten, prüfen und beurteilen sie den neuen Vorgesetzten. Während ein Mitarbeiter vom neuen Vorgesetzten baldige Veränderungen und klare Zielvereinbarungen erwartet, hofft ein anderer Mitarbeiter, dass der neue Chef Zurückhaltung übt und möglichst alles unverändert lässt.

Unabhängig von den verschiedenartigen Erwartungen lassen sich die generellen Forderungen an den neuen Vorgesetzten in zwei Punkten zusammenfassen:

1. **Action Flexibility:** Der Vorgesetzte muss sich auf wechselnde Situationen zum Erreichen der Arbeitsziele flexibel einstellen können.
2. **Social Sensitivity:** Er muss ein Gespür für das Verhalten der Mitarbeiter/der Arbeitsgruppe besitzen.

30 *Während Vorgesetzte hoffen, dass ein neuer Mitarbeiter möglichst schnell erfolgreich arbeitet, sind Kollegen oft zunächst sehr kritisch gegenüber dem Neuen eingestellt. Besonders herausfordernd ist die Situation, wenn ein Team mit einem neuen Vorgesetzten konfrontiert ist.*

1.3 Die Situation des Neulings

Kleine Kinder fliehen vor fremden Dingen und Situationen. Auch Erwachsene reagieren unsicher, wenn sie ihre vertrauten Verhältnisse sowie die bisher praktizierten Verhaltensmuster und Alltagsroutinen gegen – zumindest teilweise – Unbekanntes und Fremdes eintauschen müssen. Die Arbeitsaufnahme in einem fremden Unternehmen ist daher eine stressbesetzte Situation. Diese „soziale Angst" wiederholt sich im Berufsleben mit jedem Stellenwechsel, wobei sie sich allerdings bei häufigen Arbeitsplatzwechseln abschwächt. Wenn der Neue Ihnen nun bei seinem Arbeitsantritt freundlich lächelnd, ruhig, gelegentlich sogar forsch entgegentritt, so lassen Sie sich nicht täuschen. Regelmäßig soll mit diesen Äußerlichkeiten die anfängliche Phase großer Verunsicherung überdeckt werden, um einen positiven ersten Eindruck in der neuen Umgebung zu vermitteln. Tatsächlich ist dem neuen Mitarbeiter nicht wohl in seiner Haut. Er muss Anpassungsleistungen vollbringen, die kraftraubend sein können. Dabei fehlt das Gefühl der Sicherheit und Geborgenheit. Alles um ihn herum ist mehr oder weniger fremd: Menschen, Örtlichkeiten, Hierarchien, Aufgaben und Kompetenzen, Methoden, neue Begriffe und Abkürzungen („Firmen-Jargon"). Hinzu kommt, dass der neu eingestellte Mitarbeiter häufig schon über vermeintliche Vor- und Nachteile der neuen Firma durch Betriebsangehörige oder außerbetriebliche Stellen vorinformiert ist, sodass er oft mit Vorurteilen oder zusätzlichen Hemmungen seine Arbeit aufnimmt. Gelingt es ihm nicht, seine Unsicherheit zu bewältigen, gerät er in einen Zustand verminderten Leistungsvermögens.

Mögliche Überlegungen des neuen Mitarbeiters

- Wie wirke ich auf die anderen? Blamiere ich mich auch nicht?
- Werde ich wohlwollend aufgenommen?
- Wie steht es mit dem neuen Chef?
- Kann ich mich schnell in das neue Team integrieren?
- Wie ist das Betriebsklima?
- Welche „Kleiderordnung“ ist zu beachten?
- Werde ich mit neuen Arbeitsmethoden, Begriffen und Hilfsmitteln konfrontiert?
- Erhalte ich ausreichend Informationen?
- Wie sieht der neue Arbeitsplatz aus?
- Wurde mir im Vorstellungsgespräch ein korrektes Bild vermittelt?
- Mit welchen Aufgaben werde ich zuerst konfrontiert? Was passiert, wenn ich nicht gleich alles verstehe?
- Kann ich anfänglich mit Unterstützung rechnen? Von welcher Seite?
- Ob ich die Probezeit gut überstehe?
- Wie wird sich die neue Stelle auf mein Privatleben auswirken?

Wir wissen, dass Berufs- und Familienleben in einer wechselseitigen Beziehung zueinander stehen: Ein ausgeglichenes Familienleben beeinflusst die Arbeitsleistung und Arbeitszufriedenheit regelmäßig positiv, ein unstetes und mit Sorgen behaftetes Familienleben wirkt oft als Unruheherd in die Berufstätigkeit hinein. Umgekehrt hat die Berufstätigkeit Auswirkungen auf das Familienleben. So wünscht sich die Familie des neuen Mitarbeiters dessen baldige Eingewöhnung in das Unternehmen, weil sich seine Zufriedenheit positiv auf die familiären Beziehungen auswirkt. Auch werden die materiellen Leistungen des Arbeitgebers und die mit der Berufstätigkeit verbundene wirtschaftliche Sicherung den Lebensstandard der Familienangehörigen beeinflussen.

Der erste Eindruck, den ein Unternehmen einem neuen Mitarbeiter vermittelt, entscheidet maßgeblich über dessen Einstellung zum neuen Arbeitgeber. Dabei sind unterschiedliche Erwartungen zu berücksichtigen – die des Vorgesetzten, der neuen Kollegen, aber auch die des neuen Mitarbeiters selbst.
Den zahlreichen unterschiedlichen Erwartungen wird der Neuling ohne Unterstützung kaum entsprechen können. Soll er schnell in das neue berufliche Umfeld integriert werden und baldmöglichst erfolgreich arbeiten können, benötigt er ein gezieltes Onboarding.

30 MINUTEN

Mit welchen Argumenten lassen sich Vorbehalte gegen Einführungsprogramme zerstreuen?

Seite 22

Weshalb sind Informationen vielfältiger Art unverzichtbar?

Seite 23

Über welche Punkte sollte ein Einführungsprogramm Auskunft geben?

Seite 25

2. Die Notwendigkeit des Onboardings

Ein neuer Arbeitsplatz stellt für den Betroffenen immer einen Neuanfang dar. Zu dieser Situation gehören viele Unwägbarkeiten, die zwangsläufig unsicher machen. Dies sollten Sie erkennen und durch ein funktionierendes Onboarding dafür sorgen, dass sich der Neuzugang willkommen fühlt. Wenn Sie der Vorgesetzte des neuen Mitarbeiters sind, dann sind Sie die Schlüsselfigur für die fachliche und menschliche Einführung des neuen Mitarbeiters. Diese Verantwortung nimmt Ihnen niemand ab. Letztlich ist Ihre überlegte Einführung entscheidend dafür, dass der neue Mitarbeiter idealerweise ohne Zeitverzug mit guten Ergebnissen produktiv tätig wird. Hat der Neuling in seiner neuen Funktion bald Erfolg, strahlt dieser Erfolg auch auf Sie über.

2.1 Gründe für ein systematisches Onboarding

Leider stehen manche Vorgesetzte einer systematischen Einführung negativ gegenüber. Mit Begründungen wie „Ein guter Mitarbeiter beißt sich schon durch, so kann er zeigen, was er kann“ oder „Learning by Doing ist nun mal am effektivsten“ tragen sie dazu bei, dem neuen Mitarbeiter das Leben schwer zu machen. Diese Vorgesetzten erkennen nicht, dass sie im eigenen Interesse handeln, wenn sie die Einführung des Neulings überlegt und systematisch durchführen und sich nicht von Eingebungen des Augenblicks leiten lassen. Ein gut durchdachtes Einführungsprogramm

- bewirkt eine positive Einstellung zum neuen Arbeitgeber und schafft Bindung an das Arbeitsumfeld,
- hilft, eine innere Kündigung zu vermeiden,
- wirkt einer Frühfluktuation und unnötigen Kosten entgegen (für die Neubesetzung eines Arbeitsplatzes veranschlagen Personaler Kosten in Höhe von 30 bis 40 Prozent des Jahresgehalts),
- strafft die Einführungszeit,
- fördert das Interesse des Neulings an dem ihm zugedachten Aufgabenbereich,
- steigert die Arbeitszufriedenheit,
- ermöglicht eine fruchtbare Zusammenarbeit,
- vermittelt dem neuen Mitarbeiter alle Informationen, um produktiv tätig zu werden,
- hat einen Werbeeffekt auf externe Bewerber,

- veranlasst den Neuling, sein Know-how gern beim neuen Arbeitgeber einzubringen, und
- ermöglicht dem Unternehmen eine fundierte Entscheidung, ob das Arbeitsverhältnis über die Probezeit hinaus fortgesetzt werden soll.

Jeder Vorgesetzte sollte der gezielten und schnellen Einführung neuer Mitarbeiter positiv gegenüberstehen: Arbeitet dieser bald erfolgreich in seinem neuen Wirkungsfeld, werden die Erfolge des Mitarbeiters auch zu Erfolgen des Vorgesetzten und des Unternehmens!

2.2 Besonders wichtig: umfangreiche Informationen

Jeder neue Mitarbeiter benötigt vielfältige Informationen, um seine betrieblichen Aufgaben gut erfüllen zu können. Heute wissen wir, dass ein mitdenkender und mithandelnder – also aktiver und engagierter – Mitarbeiter eher zum Betriebserfolg beiträgt als ein „Untergebener", der sich nur als ausführendes Organ („Working Animal") begreift. Deshalb wird in dem in diesem Buch vorgestellten Einführungsprogramm versucht, alle erforderlichen Informationen für den Neuling einzubeziehen. Das Programm erfasst die wesentlichen sachlichen, soziologischen, pädagogischen und psychologischen Kriterien. Gleichzeitig werden mit ihm ge-

setzliche Vorschriften berücksichtigt. So werden zum Beispiel in § 81(1) Betriebsverfassungsgesetz dem Arbeitgeber Informationspflichten vorgeschrieben:
„Der Arbeitgeber hat den Arbeitnehmer über dessen Aufgabe und Verantwortung sowie über die Art seiner Tätigkeit und ihre Einordnung in den Arbeitsablauf des Betriebes zu unterrichten. Er hat den Arbeitnehmer vor Beginn der Beschäftigung über die Unfall- und Gesundheitsgefahren, denen dieser bei der Beschäftigung ausgesetzt ist, sowie über die Maßnahmen und Einrichtungen zur Abwendung dieser Gefahren zu belehren."
Wenn sich der Gesetzgeber veranlasst sah, die Notwendigkeit einer gezielten Einführung in einem Gesetz festzuschreiben, beweist das, dass ein Handlungsbedarf bestand. Dennoch halten manche Vorgesetzte Informationen unter Verschluss. Sie betrachten Informationen als Macht, von der sie sich nicht trennen wollen („Das hat Sie nicht zu interessieren", „Das geht Sie nichts an!"). Geben sie dann Teilinformationen, wird dies als eine Art Gnade dargestellt. Das Vorenthalten von Informationen lässt jedoch gefährliche Gerüchteküchen entstehen, es fördert die Cliquenwirtschaft, vergiftet das Arbeitsklima und lähmt die Arbeit.

30 *Werden dem Neuling wichtige Informationen vorenthalten, verliert er das Vertrauen in den neuen Arbeitgeber. Eine offene und sachliche Informationspolitik ohne Tabus wird daher dringend empfohlen. Denn Nichtwissen schafft regelmäßig Misstrauen!*

2.3 Vorschlag eines Einführungsprogramms

Nachfolgend erhalten Sie den umfangreichen Vorschlag eines Einführungsprogramms. Nutzen Sie diese Handreichung, werden Sie beim Onboarding keinen wesentlichen Aspekt vergessen und so auch Zeit sparen.
Ich empfehle Ihnen, den Vorschlag zunächst zu prüfen, um dann die für Sie nicht relevanten Punkte zu streichen und Aspekte hinzuzufügen, die Sie in der speziellen Situation für angemessen halten.

Einführungsprogramm

I. Vorbereiten auf den neuen Mitarbeiter

- Bis zum Arbeitsantritt Kontakt halten und Informationsmaterial zusenden
- Bewerbungsunterlagen und Informationen aus dem Vorstellungsgespräch auswerten
- Stellenbeschreibung oder entsprechende Unterlagen bereitlegen
- Prüfen, ob neben der Einführung auch eine Unterweisung vorzusehen ist
- Arbeitsplatz vorbereiten
- Arbeitsgruppe auf den Neuen vorbereiten
- Paten auswählen und einweisen
- Einschalten weiterer Personen, die für das Onboarding bedeutsam sind
- Teilnahme an Einführungsseminar/Betriebsbesichtigung/Werksführung einplanen

II. Begrüßen des neuen Mitarbeiters

- Neuen Mitarbeiter in Empfang nehmen
- Begrüßungsgespräch führen
- Schriftliches Informationsmaterial aushändigen
- Neue Kollegen und Paten vorstellen
- Rundgang durch den Betrieb/die Abteilung
- Über neues Arbeitsumfeld informieren
- Arbeitsplatz übergeben
- Informationsgespräch zum Arbeitsschluss führen

III. Allgemeine Informationen geben

- über Arbeitsentlohnung
- über Arbeitsschutz und Sicherheitsaspekte
- über gesetzliche/betriebsspezifische Bestimmungen
- über soziale Einrichtungen/Leistungen
- über interne Regelungen
- über betriebliche Räumlichkeiten

IV. Einweisen in die Arbeitsaufgaben

- Aufgaben, Kompetenzen und Verantwortung durchsprechen
- Zur Aufgabenerledigung erforderliche Hilfsmittel vorstellen
- Mögliche Fehlerquellen und Anfangsschwierigkeiten aufzeigen
- Aufgaben für den ersten Arbeitstag zuweisen
- Bedeutung des Arbeitsplatzes für den Betrieb herausstellen
- In die Organisationsstruktur des Betriebes und der Abteilung einführen
- Unternehmensphilosophie verdeutlichen
- Entwicklungsmöglichkeiten aufzeigen
- Betriebliches Vorschlagswesen erläutern

- Weiterbildungsangebote erörtern
- Zielvereinbarungsgespräch führen

V. Unterweisen am Arbeitsplatz
- Unterweisungsplan aufstellen
- Unterweisung durchführen

VI. Fortschrittskontrolle

Entwerfen Sie auf der Grundlage dieses Vorschlags eine Checkliste, sollten zwei Spalten nicht fehlen: „Wahrzunehmen von ..." und „Erledigt am ...". So wird das Onboarding transparent und Sie können den Bearbeitungsstand aller Aktivitäten besser überblicken.

Es ist empfehlenswert, den organisatorischen Ablauf der Einführung durch ein exakt auf den 30
jeweiligen Mitarbeiter individuell zugeschnittenes Einführungsprogramm zu regeln. Dieses Programm wird rechtzeitig ausgearbeitet – keinesfalls in Hektik erst fünf Minuten vor dem Arbeitsantritt des neuen Mitarbeiters! Autoren des Programms sollten der unmittelbare Vorgesetzte und ein kompetenter Vertreter der Personalabteilung sein. Deren Entwurf kann auch mit dem Team abgestimmt werden. Die künftigen Kollegen steuern vermutlich wertvolle Anregungen bei, zumal sie häufig in das Abarbeiten des Einführungsprogramms involviert sind.

30 MINUTEN

Was sollte bereits vor dem Arbeitsantritt des Neuen vorbereitet werden?

Seite 30

Welche Punkte sollten in der Begrüßung angesprochen werden?

Seite 40

Welche allgemeinen Informationen sind unverzichtbar?

Seite 49

3. Die Einstiegsphase

Ein für alle Situationen maßgeschneidertes Einführungsprogramm kann es nicht geben. Dennoch kann Ihnen das in diesem Buch vorgeschlagene Programm Ihre Aufgaben im Rahmen des Onboardings in menschlicher und sachlicher Hinsicht erleichtern. Unter Berücksichtigung Ihrer betrieblichen Situation und der verschiedenartigen Mitarbeiterkategorien werden Sie manche Aspekte in den folgenden Ausführungen verstärkt in das individuelle Einführungsprogramm übernehmen, andere dafür unbeachtet lassen.

3.1 Vorbereitungen vor Arbeitsantritt

Selbst wenn Ihr künftiger Mitarbeiter erst in einigen Tagen oder Wochen seine Arbeit bei Ihnen antritt, bereiten Sie rechtzeitig seinen Einstieg vor.

Kontakt halten

Damit der von Ihnen aus guten Gründen ausgewählte Bewerber nicht im letzten Moment abspringt, betreuen Sie ihn aktiv mit wohlmeinenden Gesten:

- Falls noch nicht geschehen, gratulieren Sie dem künftigen Mitarbeiter in einem Schreiben zu seiner Entscheidung und teilen ihm mit, dass Sie sich auf seinen Arbeitsantritt freuen.
- Übersenden Sie eine Begrüßungs-/Willkommens-/Informationsmappe mit Imagebroschüren, Mitarbeiter-Newsletter, Haus- oder Werkzeitschriften usw.
- Hat der Neuling während der Karenzzeit Geburtstag, wird er sich über einen Kartengruß freuen.
- Denken Sie auch an Einladungen zu Firmenveranstaltungen wie Weihnachtsfeier, Sommerfest, Betriebsjubiläum, Tag der offenen Tür usw.

Ist und Soll analysieren

Aus den Bewerbungsunterlagen entnehmen Sie wesentliche Angaben über die Ausbildung und Berufserfahrung. Sie sollten außerdem die Informationen aus dem Vorstellungsgespräch berücksichtigen. Hieraus ergibt sich eine grobe Bestandsaufnahme der vermutlich vorhandenen Fertigkeiten und Kenntnisse, Sie ermitteln das voraussichtliche Ist.

Das Soll wiederum können Sie der Stellenbeschreibung entnehmen. Mit der Unternehmensgröße steigt der Anteil der Betriebe mit einem durchgängigen System von Stellenbeschreibungen. Wurden keine Stellenbeschreibungen entwickelt, können als Hilfsmittel Arbeitsanweisungen, Arbeitsplatzbeschreibungen, Arbeitsflussdiagramme, Prüf- oder Checklisten, Arbeitsschrittlisten oder Verfahrenshandbücher zugezogen werden. Lesen Sie die Stellenbeschreibung oder die ersatzweisen Unterlagen möglichst so, wie es ein Uneingeweihter tun würde, und fragen Sie sich dabei:

- Sind diese Unterlagen verständlich?
- Sind sie aktuell?
- Sind sie zu überarbeiten oder zu kommentieren?

Ist eine Unterweisung nötig?

Ausgangspunkt ist der voraussichtliche Kenntnis- und Erfahrungsstand des Neuen (Ist), Zielpunkt der Aufgabenbereich, den er eines Tages verantwortlich zu bearbeiten hat (Soll). Anhand des Vergleichs des Ist mit dem Soll entscheiden Sie, ob der neue Mitarbeiter nur eingeführt wird oder auch zu unterweisen ist.

- **Einführung:** Besitzt der Neuling die erforderlichen Fertigkeiten und Kenntnisse, verfügt er aber nicht über Betriebs- und/oder Berufserfahrungen, wird er in die neue Arbeit eingeführt. Da in jedem Betrieb unterschiedlich gearbeitet wird, die Arbeitsabläufe anders strukturiert sind und mit neuen Sprachregelungen, Ansprechpartnern und Computerprogrammen umgegangen werden muss, kann die Einführung nicht gestrichen werden, selbst wenn der Neue auf seinem Gebiet ein Experte ist.

- **Unterweisung:** Sind die erforderlichen Fertigkeiten und Kenntnisse unabhängig von der Betriebs- oder Berufserfahrung nicht vorhanden, ist der neue Mitarbeiter zusätzlich zu unterweisen. Mit der Unterweisung sollen vorrangig die noch fehlenden Fertigkeiten und Kenntnisse vermittelt werden, die unmittelbar in der betrieblichen Praxis verwendet werden können.

Selbstverständlich kosten Einführung und Unterweisung Geld. Werden diese aber mit zweckmäßigen Methoden von den geeigneten Personen betrieben, ist der Aufwand gerechtfertigt. Gelangen Sie bei Ihrem Soll-Ist-Vergleich zu dem Ergebnis, dass eine Unterweisung angezeigt ist, sollten Sie bereits jetzt die Themenbereiche notieren, die Gegenstand der Unterweisung werden sollen. Diese Punkte dienen später als Grundlage für den Unterweisungsplan (s. Kap. 4.2).

Arbeitsplatz vorbereiten

Für den Neuen wäre es frustrierend, würden Sie die benötigten Möbel erst nach seinem Arbeitsantritt bestellen oder erst dann die Frage seiner Unterbringung klären. Noch schlimmer ist es, wenn der Neue als erste

„Bewährungsprobe" diese technischen Details in einer fremden Umgebung selbst in die Hand nehmen muss. Sorgen Sie stattdessen also dafür, dass der Arbeitsplatz des neuen Mitarbeiters gereinigt und aufgeräumt ist und die erforderlichen Arbeitsunterlagen und Hilfsmittel (z. B. Werkzeug, Telefon, Telefonliste, PC, E-Mail-Account, erforderliche Software, Kalender, Formulare, Schlüssel, Zugangskarten, Postfach, Schutzkleidung, Sicherheitsvorschriften) zur Verfügung stehen bzw. zeitnah bereitgestellt werden. Denken Sie auch an die rechtzeitige Aufnahme des neuen Mitarbeiters in das Telefonverzeichnis, abteilungsinterne Postumläufe oder E-Mail-Verteiler. Erhält der neue Mitarbeiter ein eigenes Zimmer, wird es ihn freuen, wenn bereits sein Name auf dem Türschild steht.

Das Team auf den Neuen vorbereiten

Wenn ein bereits seit Längerem vorhandener Arbeitsplatz besetzt wird, ist das meist unproblematisch. Anders sieht es aus, wenn mit der Einstellung des Neuen organisatorische Veränderungen einhergehen, welche die Arbeitsbereiche der etablierten Mitarbeiter berühren. Wir alle neigen dazu, uns gegen Veränderungen zur Wehr zu setzen. Da also Widerstände zu erwarten sind, sollten Sie für rechtzeitige Informationen sorgen.

Mitarbeiter reagieren in der Regel dann positiv auf organisatorische Veränderungen,

- wenn sie verstehen, worum es geht und weshalb die Änderung notwendig ist,

- wenn sie rechtzeitig informiert und vorbereitet werden, bevor Gerüchte überhaupt entstehen können,
- wenn sie frühzeitig in den Entscheidungsprozess einbezogen werden.

Was die Kollegen wissen sollten
Das Team sollte von Ihnen insbesondere über drei Punkte informiert werden:
1. Kurzinformationen über die Person des neuen Mitarbeiters
2. Darstellung der Ausbildung und des bisherigen beruflichen Werdegangs des Neulings
3. Zweifelsfreie Erörterung der Aufgaben, Kompetenzen und Verantwortlichkeiten des Neuen

Mit dem letzten Punkt vermeiden Sie Kompetenzstreitigkeiten, aber auch – was für den Betrieb besonders fatal wäre – dass Aufgaben gar nicht erledigt werden.

Kollegen stellen eine besonders ergiebige Einarbeitungshilfe dar. Indem Sie sensibel vorgehen und die Arbeitsgruppe rechtzeitig und ausreichend informieren, stellen Sie die Weichen dafür, dass der Neue positiv aufgenommen wird. In manchen Betrieben wird mit einem Aushang am Schwarzen Brett auf den Arbeitsantritt eines neuen Mitarbeiters aufmerksam gemacht. Ist das Lichtbild des Neuen beigefügt, sind Interesse und Neugier der Kollegen geweckt und das Gesicht des Eingestellten wird sofort beim ersten Zusammentreffen erkannt.

Einen Paten auswählen und einweisen

Wären Sie in der Rolle des Neulings nicht froh, wenn sich ein wohlmeinender Kollege Ihrer sofort annehmen würde und Ihnen in der Anfangsphase mannigfaltige Hilfestellungen leistete? Einiges für Sie Selbstverständliches, das Ihnen in Jahren zur Gewohnheit wurde, wird dem neuen Mitarbeiter völlig fremd sein. Bedenken Sie, dass manche Stolpersteine firmenspezifischer Natur sind, weshalb ein Neuling sie viel zu spät erkennt. Hier kann ein Pate (auch als Starthelfer oder Startbegleiter bezeichnet) wertvolle Dienste leisten.

Im Regelfall werden Sie einen hierarchisch gleichgestellten Mitarbeiter, der Ihr uneingeschränktes Vertrauen genießt, zum Paten für den Neuen bestellen. Der Pate sollte nach Möglichkeit auch den Arbeitsbereich des neuen Mitarbeiters kennen. Die Kontakte des Neulings zu einem hierarchisch gleichgestellten Paten sind zumeist nach Häufigkeit, Dauer und Intensität „dichter" und wegen des Wegfalls hierarchischer Barrieren „intimer". Würde ein Vorgesetzter die Rolle des Paten übernehmen, könnte sich jetzt dies als hemmend für das aufzubauende Vertrauensverhältnis erweisen.

Bei der Auswahl ist Fingerspitzengefühl gefragt. Folgende Eigenschaften sollte der Pate aufweisen: *ausgeglichen, berufserfahren, betriebserfahren, einfühlsam, ermutigend, kompetent, geduldig, gesprächsbereit, gut vernetzt, hilfsbereit, kollegial, kommunikativ, konfliktlösend, loyal, ortskundig, pädagogisch geschickt, verantwortungsbewusst, verschwiegen, vertrauenswürdig.*

Zudem helfen Ihnen folgende Fragen bei der Auswahl:

- Hat der potenzielle Pate diese Aufgabe schon einmal erfolgreich übernommen?
- Wäre sein Einsatz als Pate wünschenswert (Loyalität)?
- Wird er sich diese zusätzliche Aufgabe zutrauen?
- Steht er während des gesamten Onboardings auch zur Verfügung?
- Würde er die Aufgabe freiwillig übernehmen?
- Wäre eine Entlastung von anderen Aufgaben erforderlich?

Der Pate ist ständiger Ansprechpartner für den Neueingestellten und hilft diesem, schnell zu einer Integration zu gelangen. Als „kritischer Freund" nimmt er den Neuen unter seine Fittiche und gewährt durch Informationen, Ratschläge, Tipps und Vorschläge Hilfe zur Selbsthilfe. Hierbei hat der Pate im Auge, dass sein Schützling

- sich mit seiner Arbeitsumgebung schnell vertraut macht,
- bald einen arbeitsfördernden Kontakt zu Mitarbeitern, Kollegen und sonstigen Gesprächs-/Geschäftspartnern herstellt,
- sich mit den geschriebenen und ungeschriebenen „Gesetzen" des Betriebes auseinandersetzt,
- anfängliche fachliche wie auch störende persönliche Probleme alsbald löst,
- von Beginn des Arbeitsverhältnisses an ein gewisses Maß an „Nestwärme" erfährt.

Sinnvoll ist es, wenn sich der Pate schon vor dem Arbeitsantritt des Neulings mit einer kurzen Mail bei dem künftigen Kollegen vorstellt und seine Unterstützung anbietet. Die Unterstützung durch den Paten wirkt als eine Art Schutzschild. Dadurch bewertet der Neue eventuelle Schwierigkeiten als nicht so gravierend. Er weiß, dass er sich auf die Hilfe des Paten verlassen kann.

Zudem wird der neue Mitarbeiter mithilfe eines Paten sehr viel schneller vom Team akzeptiert. Der Pate macht den Neuen mit den ungeschriebenen Gesetzen des Teams oder des Betriebes vertraut. Dabei geht es um Normen im Umgang miteinander (Duzen, Grüßen, Anklopfen vor Betreten eines Zimmers, Gestaltung von Feiern usw.), um die Art der Aufgabenerledigung oder über den Umgang mit Vorgesetzten.

Übernimmt ein Mitarbeiter die Funktion des Paten, sollte dies eine freiwillige Entscheidung sein. Sie stimmen den als Paten ausgewählten Mitarbeiter auf die kommende Situation ein. Als Motivationsfaktor sollte der Hinweis dienen, dass diese zusätzliche Aufgabe einen besonderen Vertrauensbeweis darstellt. Manche Firmen machen die Funktion des Paten durch die vorübergehende Absenkung von Leistungsstandards oder mit einem finanziellen Anreiz schmackhaft.

Achtung: Der Pate soll den Vorgesetzten entlasten. Dennoch ist der Vorgesetzte für das Onboarding verantwortlich. Er muss sich regelmäßig mit dem Paten über den Fortgang der Integration austauschen.

Hoch qualifizierten Neuzugängen in Leitungspositionen oder Führungsnachwuchskräften sollte statt eines Paten ein erfahrener Mentor zur Seite gestellt werden. Diese hierarchisch höhergestellte Person dient als Ansprechpartner für besondere Probleme, die beispielsweise mit Führungsfragen oder der Unternehmenskultur oder -strategie in Zusammenhang stehen.

Weitere Personen einschalten

Überlegen Sie, wer über die Einstellung des neuen Mitarbeiters informiert werden muss, zum Beispiel

- Mitarbeiter, die mit Unterweisungsaufgaben betraut werden,
- Mitarbeiter in anderen Abteilungen, mit denen häufiger zusammengearbeitet wird (unter dem Gesichtspunkt, eine funktionierende schnittstellenübergreifende Kommunikation herbeizuführen),
- der Betriebsarzt, mit dem der Termin für die erste Untersuchung abzusprechen ist,
- eventuell die Vertrauensperson der Schwerbehinderten,
- der nächsthöhere Vorgesetzte, dem das neue Betriebsmitglied vorzustellen ist,
- der IT-Beauftragte, der Passwort und E-Mail-Adresse vergibt, Internet- und Intranetzugang sowie den Zugang zu erforderlichen Softwarepaketen ermöglicht und über die private Nutzung des Internets informiert sowie die Bereitstellung eines dienstlichen Smartphones veranlasst,

- Materialausgabe (Werkzeuge, Büromaterial),
- technischer Support,
- Datenschutzbeauftragter, wenn der Neuling personenbezogene Daten zu verarbeiten hat,
- Ausweisstelle (Firmenausweis, Parkkarte),
- der Arbeitsvorbereiter, der Arbeitszeiten aufnimmt,
- der Übersetzer bei ausländischen Arbeitnehmern,
- die Fachkraft für Arbeitssicherheit, die über Arbeitsschutz und Unfallverhütung informiert.

Einführungsseminar, Betriebsbesichtigung

Manche Unternehmen vermitteln einen Teil der für neue Mitarbeiter wichtigen Informationen während eines an zentraler Stelle stattfindenden firmeninternen und standortübergreifenden Einführungsseminars bzw. Welcome Days. Diese Welcome-Veranstaltungen sollen einen „Blick fürs Ganze" ermöglichen. Für neue Mitarbeiter kann außerdem eine informative Betriebsbesichtigung bzw. Werksführung aufschlussreich sein.

Anhand der Informationen über den neuen Mitarbeiter (Ist) und der Stellenbeschreibung (Soll) ist zu ermitteln, ob zusätzlich zur Einführung auch eine Unterweisung nötig ist. Außerdem sollte der Arbeitsplatz vorbereitet werden, das Team und weitere relevante Personen sollten über den Arbeitsantritt des Neuen informiert werden. Sehr hilfreich ist es, wenn ein Pate ausgewählt wird, der dem Mitarbeiter von Anfang an zur Seite steht. 30

3.2 Den neuen Mitarbeiter begrüßen

Der Arbeitsantritt des neuen Mitarbeiters rückt näher. Sie sollten nun Aktivitäten planen, die das Ziel verfolgen, den ersten Arbeitstag nicht in Unzulänglichkeiten, Alltäglichkeiten und Banalitäten untergehen zu lassen, sondern dem Neuling die Erkenntnis vermitteln, dass er wertgeschätzt wird und ihm Zeit und positive Aufmerksamkeit zuteilwerden. Erzeugt dies beim Neuen hin und wieder Wow-Momente, ist schon viel gewonnen.

Den Neuen pünktlich in Empfang nehmen

Immer wieder kommt es vor, dass ein neuer Mitarbeiter erwartungsvoll, leistungsbereit und pünktlich zur Arbeitsaufnahme erscheint und dann sofort einen „Tiefschlag“ erhält, weil beispielsweise

- sein neuer Vorgesetzter nicht im Haus ist,
- sein neuer Vorgesetzter dringende Termine wahrnimmt und deshalb keine Zeit für ihn hat,
- in der Abteilung niemand etwas von seiner Einstellung weiß, da die Personalabteilung vergessen hatte, der Fachabteilung Mitteilung zu machen.

Er kann dann froh sein, wenn sich ein Betriebsmitglied aus Erbarmen seiner annimmt („Es ist zwar nicht meine Aufgabe, aber schließlich muss sich doch jemand um Sie kümmern“). Wundert es uns, wenn sich der Neuling von Beginn an überflüssig vorkommt?

Häufig wird der Ort, an dem sich der Neue zum Arbeitsantritt zu melden hat, von der Personalabteilung vorgegeben. Muss sich der im Betrieb noch völlig fremde Mitarbeiter sofort in Ihrer Abteilung einfinden, obliegt selbstverständlich Ihnen der Empfang. Sorgen Sie dann für ein freundliches Willkommen bereits an der Pforte. Legen Sie fest, ob Sie selbst oder einer Ihrer Mitarbeiter den Neueingestellten am Tor abholt.

Das Begrüßungsgespräch führen

Wenn Sie der direkte Vorgesetzte des neuen Mitarbeiters sind, sollten Sie am ersten Arbeitstag genügend Zeit für das Begrüßungsgespräch reservieren. Ein halbherzig und oberflächlich unter Zeitdruck geführtes Gespräch zwischen Tür und Angel wäre kontraproduktiv. Dieses erste Kennenlerngespräch hat eine Schlüsselfunktion und muss für Sie ein wichtiger Termin sein!

Beginnen Sie das Gespräch mit einem Händedruck. Der neue Mitarbeiter soll an Ihren ersten Sätzen erkennen, dass Sie sich auf ihn und die künftige Zusammenarbeit freuen. Selbstverständlich bringen Sie ihm von Beginn an Vertrauen, Wertschätzung und Respekt entgegen – und sagen ihm dies auch!

Vergessen Sie nicht, dass es zu einem Gespräch kommen soll und nicht zu einem Vortrag. Zwar haben Sie einen scheinbar aufmerksamen und interessierten Zuhörer vor sich, dennoch sollten Sie sich nicht dazu verleiten lassen, in epischer Breite das Unternehmen, Ihren Arbeitsbereich, Ihre persönlichen Leis-

tungen und Ihre betrieblichen Probleme darzustellen.
Im Begrüßungsgespräch soll durch einen persönlichen Kontakt eine freundliche Atmosphäre an den Beginn einer längeren Zusammenarbeit gestellt werden. Sie lassen sich nicht von der vielleicht üblichen Hektik treiben, sondern signalisieren durch Ihr ruhiges und gelassenes Auftreten dem neuen Mitarbeiter, dass Sie seinen Arbeitsantritt für wichtig halten und bereit sind, Fragen zu beantworten und Informationen zu geben. Spätestens im Vorstellungsgespräch wurde die fachliche Qualifikation des neuen Betriebsangehörigen intensiv ausgelotet. Jetzt geht es darum, sich menschlich etwas näherzukommen. Der Neuling soll den Eindruck erhalten, dass man ihn nicht nur als Arbeitskraft akzeptiert, sondern auch als Person.

Gesprächsthemen finden
Mit welchen Gesprächsthemen lässt sich die zunächst noch vorhandene Distanz überbrücken? Fragen Sie beispielsweise nach der Anreise, nach Problemen in Zusammenhang mit dem gerade stattfindenden Stellenwechsel, nach der Einstellung der Familienangehörigen zu dieser beruflichen Veränderung und nach der Unterbringung. Der Lebenslauf des Neulings bietet oft gute Ansatzpunkte, um miteinander ins Gespräch zu kommen.

Es lohnt sich nicht, bei diesem Gespräch zu tief in fachliche Einzelheiten einzusteigen. Bei der Vielzahl neuer

Eindrücke und Informationen ist die Aufnahmekapazität des Neuen begrenzt. Sie würden ihn mit einem Zuviel an Informationen überfordern. Es genügt vollauf, wenn dieses Gespräch dem neuen Mitarbeiter das Gefühl des Willkommenseins vermittelt, zu seiner Orientierung beiträgt und die anfängliche Unsicherheit abzubauen hilft.

Schriftliches Informationsmaterial aushändigen

Der neue Mitarbeiter wird häufig in kürzester Zeit mit mündlichen Informationen zugeschüttet. Die gefühlten tausend neuen Namen und Informationen kann er sich auf die Schnelle nicht merken. Vielmehr verwirren, erschrecken und verunsichern sie ihn:

„Merken Sie sich bitte ...“ *„Besonders wichtig ist ...“* *„Keinesfalls dürfen Sie ...“* *„Dieser Punkt ist unverzichtbar, denn ...“* *„In diesem Fall wäre ...“* *„Bedenken Sie vorrangig ...“* *„Sie müssen unbedingt daran denken, dass ...“*	Im Mitarbeiter beginnen sich Rat- und Mutlosigkeit breitzumachen: **HILFE!!!**

Mündliche Informationen, die sich auf viele Details und komplizierte Zusammenhänge beziehen, überanstrengen möglicherweise die Aufnahmefähigkeit des Neulings. Deshalb sind schriftliche Unterlagen mündlichen Informationen vorzuziehen, da sie nicht in Vergessenheit geraten, sondern bei Gelegenheit in Ruhe nachgelesen werden können. Zu den schriftlichen Unterlagen zählen:

- Die Stellenbeschreibung bzw. entsprechende Hilfsmittel (s. Kap. 3.1)
- Die Betriebsordnung
- Die Einführungsschrift oder Firmenbroschüre (z. B. „Leitfaden durchs Werk“, „Wegweiser für neue Mitarbeiter“)
- Organisationshandbücher
- Präsentationsmaterialien von Abteilungen
- Kurzanleitungen für spezielle Anwendungsprogramme
- QM-Handbuch
- Ablagesystematik der Abteilung, des Unternehmens
- Entsprechende Informationen aus dem Intranet
- Vorbereitete Laufzettel

Befürchten Sie, dass der Neuling bei seiner Einführung etwas vergisst, ist ein spezieller Laufzettel – die sogenannte „Händeschüttelliste“ – hilfreich. Er zeigt dem Neuling, was er zu tun hat. Da bei den jeweiligen Punkten Erledigungszeichen der Ansprechpartner gefordert werden, ist der Stand der erreichten Mitwirkung ersichtlich.

Auch das bereits ausgearbeitete Einführungsprogramm sollten Sie nicht unter Verschluss halten, sondern mit dem Neuling durchsprechen. Einerseits erkennt der Neue daran, wie intensiv sich sein neuer Vorgesetzter bereits mit ihm und seinem Betriebseinstieg beschäftigt hat, andererseits erhält er die Möglichkeit, berechtigte Änderungen oder Ergänzungen vorzuschlagen.

Neue Kollegen und Paten vorstellen

Teammeetings bieten sich an, um den Neuen mit den Kollegen bekannt zu machen. Dabei begrüßen Sie das neue Teammitglied und stellen es kurz vor. Sie weisen auf dessen Zuständigkeitsbereich hin, damit künftigen Zuständigkeitsrangeleien der Boden entzogen wird. Sie loben den Neuen weder über den grünen Klee noch formulieren Sie sehr hohe Erwartungen an ihn. Auf gar keinen Fall sollten Sie ihn als leuchtendes Vorbild anpreisen, an dem sich die etablierten Mitarbeiter ein Beispiel nehmen sollten.

Anschließend kann der neue Kollege sich selbst vorstellen, wobei berufliche Aspekte Vorrang haben, Privates aber nicht völlig ausgeblendet werden sollte – schließlich sind die Kollegen neugierig. Hiernach können sich reihum die Kollegen kurz vorstellen und dabei ihre Funktion und eventuelle künftige Berührungspunkte zu dem Aufgabenbereich des Neuen darstellen. Nachdem Sie frühzeitig einen geeigneten Mitarbeiter als Paten für den Neuen ausgewählt und eingewiesen haben, obliegt es Ihnen nun, die beiden Mitarbeiter etwas näher miteinander bekannt zu machen. Ob Sie die folgenden Punkte selbst wahrnehmen oder dies bereits im Anschluss an dieses kurze „Beschnuppern" an den Paten delegieren, bleibt Ihnen überlassen.

Rundgang durch den Betrieb/die Abteilung

Falls ein Teammeeting nicht organisiert werden kann, ist ein Rundgang eine – wenngleich weniger günstige – Alternative. Der Rundgang dient dazu, die künftigen Kollegen einander vorzustellen. Bei dieser Einzelvorstellung werden auch die wesentlichen Aufgaben der jeweiligen Kollegen genannt. Ideal ist es, wenn der Rundgang nicht gerade zu einer Zeit stattfindet, in der alle intensiv arbeiten und der einzelne Kollege bestenfalls kurz aufblicken und mit einem „Hallo" nicken kann. Rein akustisch ist eine Verständigung an vielen industriellen Arbeitsplätzen unmöglich; in Einzelhandelsgeschäften ist ein Bekanntmachen während eines Kundenansturms wenig zu empfehlen.

Über das neue Arbeitsumfeld informieren

Nachdem der neue Mitarbeiter seine Kollegen bereits flüchtig kennengelernt hat, ist der Zeitpunkt gekommen, Informationen über das Team und dessen Mitglieder in möglichst objektiver Form zu geben. Kritische Aussagen über Einzelne haben hier nichts zu suchen, weil der Neue dadurch voreingenommen wäre, was die vertrauensvolle Zusammenarbeit behindern würde.

Viele anfängliche Konflikte lassen sich vermeiden, wenn für den Neuling erkennbar ist, ob und in welchem Maße die Kollegen seine Integration fördern werden und können. Besondere Sensibilität Ihrerseits ist erforderlich, wenn Sie den neuen Mitarbeiter darüber informieren, mit welchen Schwierigkeiten im menschlichen

Bereich er zu rechnen hat, damit er sich rechtzeitig auf künftige nicht alltägliche Situationen einstellen und angemessen reagieren kann. Hier ist beispielsweise an interne Mitbewerber auf die Stelle zu denken, die abgelehnt wurden, aber auch an gesundheitliche Beeinträchtigungen bei Kollegen oder an den Umgang mit Sucht- und Alkoholabhängigen. Drückt sich ein Vorgesetzter um diese zugegebenermaßen delikaten Hinweise, kommt es immer wieder zu unnötigen Reibungsverlusten, die Zwietracht und Misstrauen säen.

Den Arbeitsplatz übergeben

Selbstverständlich ist der vollständig ausgestattete Arbeitsplatz so sauber und aufgeräumt zu übergeben, wie er es künftig immer sein soll. An dieser Stelle werden dem neuen Mitarbeiter auch Arbeitsmittel und persönliche Materialien ausgehändigt, wie Codekarten, Visitenkarten, Schlüssel, Essensmarken, Chipkarte für Kantinenautomaten usw. Eventuell wird dem Neuen von der zuständigen Stelle auch ein Firmenwagen mit Fahrzeugpapieren übergeben. In diesem Fall sind auch Informationen über Betankung sowie Wartungs- und Instandsetzungsmodalitäten zu übermitteln.

Informationsgespräch zum Arbeitsschluss führen

Sprechen Sie Ihren neuen Mitarbeiter am Ende seines ersten Arbeitstages auf seine Eindrücke und anfänglichen Erfahrungen an:

- „Raucht Ihnen nun der Schädel? Wie war der erste Tag?“
- „Was fehlt noch?“
- „Was haben Sie vermisst?“
- „Welche Fragen sind noch offen?“
- „Was ist Ihnen auf den ersten Blick positiv oder negativ aufgefallen?“

Vielleicht sind unvorhergesehene Probleme aufgetreten, die nun erörtert und gelöst werden sollten. Weil das Einführungsprogramm nicht in Stein gemeißelt ist, können Sie nun nachjustieren, indem Sie Inhalte und Prioritäten ändern. Eventuell machen Sie Ihren Gesprächspartner auch auf wichtige Termine und Arbeiten aufmerksam, die demnächst auf ihn zukommen. So wird ihm erneut bewusst gemacht, dass seine Mitwirkung und Arbeitsleistung sehr gewünscht werden.
Vermutlich wird sich der Neue freuen, dass Sie ihm in diesem Gespräch Vertrauen entgegenbringen. Dadurch wird er sich schon etwas sicherer und wohler fühlen. Er wird den Heimweg antreten in dem Wissen, dass sein Wohlergehen dem neuen Vorgesetzten am Herzen liegt und man sich um ihn kümmert.

30 *Am ersten Arbeitstag des neuen Mitarbeiters geht es darum, einen positiven Kontakt zwischen den Beteiligten herzustellen. Erst eine schnelle soziale Eingliederung des Neuen ermöglicht eine gute Erledigung der Sachaufgaben.*

3.3 Allgemeine Informationen geben

Am ersten Arbeitstag wurden dem neuen Mitarbeiter die wichtigsten Informationen gegeben. In der Folgezeit vermittelte weitergehende Informationen verringern Orientierungsdefizite, lassen die anfängliche Unsicherheit des Mitarbeiters zunehmend in den Hintergrund treten und fördern seine Integration in das Betriebsgeschehen. Machen Sie sich frühzeitig Gedanken, welche Betriebsstellen die jeweiligen Informationen vermitteln sollen.

Arbeitsentlohnung

Falls Fragen zum Einkommen nicht bereits im Rahmen der Arbeitsvertragsverhandlung geklärt wurden, muss der Neue Informationen über das Arbeitsentgelt erhalten:

- Berechnung und Festsetzung der Bezüge
- Auszahlungs-/Überweisungstermine
- Überstundenvergütung
- Auslösung
- Zulagenregelungen
- Reisekostenvergütungen
- Urlaubsgeld
- Weihnachtsgratifikationen
- Tantiemen
- Prämien
- Private Nutzung von Betriebshandys, Betriebsfahrzeugen usw.

Arbeitsschutz und Sicherheitsaspekte

Jeder Vorgesetzte ist aufgerufen, konsequent und rigoros auf arbeitssicheres Verhalten in seiner betrieblichen Umgebung zu achten. Gerade bei der Einführung wird der Grundstein für künftiges sicherheitsgerechtes Verhalten neuer Mitarbeiter gelegt (es muss „eingeschliffen" werden!).

Einen fremden Arbeitsplatz übernehmen bedeutet unsicher sein. Und Unsicherheit bedeutet verstärkte Gefährdung. Besonders viele leichte Unfälle geschehen im ersten Vierteljahr, am noch ungewohnten Arbeitsplatz. Bereits nach sechs bis acht Wochen knickt die Unfallkurve deutlich nach unten ab.

Den Unfallgefahren wirken Sie durch besonders sorgfältig gehandhabte Unfallbelehrungen entgegen. Diese dürfen sich nicht in allgemeinen Hinweisen erschöpfen, sondern müssen vor allem auch die Besonderheiten des jeweiligen Arbeitsplatzes mit den dort anzutreffenden Maschinen, Geräten, Einrichtungen und gefährlichen Materialien aufzeigen. Hierbei steht dem Vorgesetzten die Sicherheitsfachkraft im Betrieb helfend zur Seite. Gegenstand der Information können folgende Merkpunkte sein:

- Einschlägige Arbeitsschutzbestimmungen
- Unfallverhütungsvorschriften der Berufsgenossenschaften
- Übergabe und Demonstration der zu tragenden Schutzkleidung
- Feuerverhütung (Feuerlöscheinrichtungen)

- Alarmplan (Verhaltensanweisungen, Erläuterung von Warnsignalen und Betätigung, Flucht- und Rettungswege, Notausgänge)
- Stützpunkte für Erste Hilfe
- Unfallmeldung
- Rauchverbot
- Unfallfibeln, Arbeitsschutz-Merkblätter
- Verlassen des Arbeitsplatzes
- Betreten des Betriebsgeländes nach Arbeitsende
- Wer ist Sicherheitsbeauftragter/Sicherheitsfachkraft?
- Grundlegende Informationen zu Werksfeuerwehr, Werkschutz, Sicherheitsdienst

Gesetzliche und betriebsspezifische Bestimmungen

Denken Sie hier beispielsweise an eine Unterweisung nach den Bestimmungen des Allgemeinen Gleichbehandlungsgesetzes, hygienerechtliche Bestimmungen und Fragen des Gesundheitsschutzes, immer bedeutender werdende Aspekte des Datenschutzes sowie Compliance-Regeln im Umgang mit Kunden.

Soziale Einrichtungen und Leistungen

Wenn Sozialleistungen gewährt werden, sind diese auch gebührend herauszustellen, weil damit auch die Mitarbeiterbindung an ein Unternehmen gestärkt wird. Dazu zählen beispielsweise soziale Einrichtungen wie:

- Betriebs-Kita
- Betriebsarzt

- Ferien- und Erholungsheime
- Werksbücherei
- Sozialdienst
- Betriebssportgruppen

Für neue Mitarbeiter stellen soziale Leistungen – besonders die vom Arbeitgeber freiwillig gewährten – interessante Gesichtspunkte dar, über die sie gern aufgeklärt sein möchten. Das betrifft beispielsweise:

- Betriebskrankenkasse
- Betriebliche Altersversorgung
- Private Unfallversicherung
- Treueprämien/Jubiläumszuwendungen
- Unterstützung in Notlagen
- Personaldarlehen für Wohnungsbau
- Belegschaftsaktien
- Deputate
- Beteiligung am Unternehmensgewinn
- Verbilligter Einkauf von Firmenerzeugnissen
- Verbilligter oder kostenloser Mittagstisch
- Prämien für besondere Leistungen bei Abschlussprüfungen
- Kosten für Teilnahme an Fortbildungskursen
- Zuwendung bei Eheschließung/Geburt eines Kindes
- Hauszeitung

Ansprechpartner für Rat und Hilfe

Genießen Sie in den Augen des Neulings persönliche Autorität, wird er Sie als Gesprächspartner in schwierigen Situationen akzeptieren. Unabhängig hiervon ist im Einzelfall das Einschalten weiterer Ansprechpartner von der Sache her erforderlich:

- Betriebsrat
- Betriebsarzt
- Sozialdienst
- Schwerbehindertenvertreter
- Personalleiter
- Übersetzer für ausländische Mitarbeiter

Betriebliche Räumlichkeiten

Bevor der neue Mitarbeiter orientierungslos über das Betriebsgelände läuft, sollten Hinweise während eines „Ortstermins" gegeben werden für:

- Zugangsberechtigungen jeglicher Art
- Ladestationen für Elektrofahrzeuge
- Notausgänge
- Wasch- und Toilettenräume
- Umkleide- und Aufenthaltsräume
- Werkzeug-, Material- und Zeichnungsausgabe
- Ausgabestelle für Arbeits- und Schutzkleidung
- Parkplatzbelegung
- Kantine, Essensmarkenausgabe, Erfrischungsautomaten, Teeküche
- Verkaufsraum für Firmenerzeugnisse an Betriebsangehörige
- Hobbyräume und Betriebssporteinrichtungen
- Gebetsraum auf dem Betriebsgelände
- Schwarzes Brett

Was der Neuzugang wissen möchte

Dem Neuling brennen manche Fragen zu internen Regelungen auf den Nägeln, die Sie beantworten können, so zum Beispiel:

- Wie wird die Arbeitszeit erfasst?
- Ist das Arbeiten in Homeoffice möglich?
- Wer ist bei Verhinderung zu benachrichtigen?
- Wer unterstützt mich, wenn ich mit IT-Problemen konfrontiert werde?
- Wo darf geraucht werden, wo nicht?
- Können während der Arbeitszeit private Telefonate geführt werden?
- Wie ist die private Internetnutzung geregelt?
- Wird das Zeitunglesen während der Arbeitszeit als Arbeitszeitbetrug gewertet?
- Bis wann muss ich mich in den Urlaubsplan eintragen? Wo ist Urlaub zu beantragen?
- Welche betriebsinternen und -externen Fortbildungsmöglichkeiten gibt es und wie melde ich mich an?
- Gibt es regelmäßige Events, an denen ich teilnehmen muss/sollte?
- Was ist beim Betreten und Verlassen des Betriebes zu beachten?
- Wie ist der Alkoholkonsum während der Arbeitszeit/auf dem Betriebsgelände (auch für den Fall eines Einstands) geregelt?
- Wurde veranlasst, dass mich die für meinen Arbeitsplatz wichtigen Umläufe erreichen?
- Wurde ich in alle Verteiler aufgenommen?
- Welche Corporate Benefits (=Mitarbeitervorteile) bietet das Unternehmen an und wie kann ich diese nutzen?

Schon vor Arbeitsantritt des neuen Mitarbeiters sollte sein zukünftiges Team vorbereitet und ein Pate für den Neuling ausgewählt werden. Es gilt, die Einführung gut zu planen. Am ersten Arbeitstag des Neulings sollte er 30

- pünktlich in Empfang genommen werden,
- ein Begrüßungsgespräch mit seinem Vorgesetzten führen,
- schriftliches Informationsmaterial erhalten,
- mit seinen Kollegen und dem Paten bekannt gemacht werden,
- seinen neuen Wirkungsbereich durch einen Rundgang kennenlernen,
- in neutraler Form Informationen über das Team/die Kollegen erhalten,
- seinen Arbeitsplatz übergeben bekommen und
- zum Arbeitsschluss ein Informationsgespräch mit seinem Vorgesetzten führen.

In der nächsten Zeit erhält der neue Mitarbeiter weitere grundlegende Informationen über Fragen der Arbeitsentlohnung, Sicherheitsvorschriften, soziale Einrichtungen und Leistungen, interne Regelungen und betriebliche Räumlichkeiten.

30 MINUTEN

4. Die Arbeitsphase

Nachdem Sie bestmöglich die soziale Integration des Neulings eingeleitet und ihn mit vielfältigen eher allgemein gehaltenen Informationen versorgt haben, müssen nun die Dinge zur Sprache kommen, deretwegen der neue Mitarbeiter eingestellt wurde. Mit Ihren Aktivitäten schaffen Sie jetzt die Voraussetzungen, dass sich der Neuling so schnell wie möglich seinen Sachaufgaben zuwenden und diese eigenverantwortlich und mit guten Ergebnissen wahrnehmen kann.

4.1 Einweisen in die Arbeitsaufgaben

Dem neuen Mitarbeiter muss der eigene Zuständigkeits- und Verantwortungsbereich bekannt sein, damit es nicht mit den etablierten Kollegen zu Kompetenzrangeleien und -überschreitungen kommt. Hier wirken genaue und unmissverständliche Stellenbeschreibungen regulierend.

Aufgaben, Kompetenzen, Verantwortung durchsprechen

Sprechen Sie die Stellenbeschreibung vorsichtshalber mit Ihrem neuen Mitarbeiter durch, damit Missverständnisse gar nicht erst aufkommen können. Dabei sind Unterschrifts- und Vertretungsregelungen sowie Fragen der Präsentation nach außen eindeutig darzustellen. Nennen Sie dem Neuen auch die Projekte, an denen seine Mitarbeit erwartet wird (zum Beispiel Arbeitskreise, Prüfungsausschüsse). Wenn Sie den folgenden Fragenkatalog im Auge behalten, kann nichts Wesentliches vergessen werden:

- **Wer** soll die Arbeit tun?
- **Was** soll erreicht werden?
- **Woran** soll es getan werden?
- **Wie** soll gearbeitet werden?
- **Wann** soll die Arbeit ausgeführt werden?
- **Wo** soll gearbeitet werden?
- **Womit** soll die Arbeit ausgeführt werden?

- **Wann** soll das Ergebnis vorliegen?
- **Wer** ist einzubeziehen/zu informieren?

Wie der Mitarbeiter seine Aufgaben künftig wahrnimmt, sollten Sie ihm überlassen und ihm seinen Spielraum nicht durch zu ausführliche, exakte Anweisungen unnötig einengen. Kann er seine Arbeit nach eigenen Vorstellungen einrichten, wird er sich eher mit ihr anfreunden und auch motivierter sein.

Packen Sie den Neuling nicht in Watte. Werden vorrangig leichte Aufgaben bei großzügigem Zeitrahmen übertragen oder nur Routineaufgaben gestellt, fühlt sich der Mitarbeiter schnell unterfordert. Sie sollten ihn aber auch nicht überfordern. Gehen Sie nach dem Motto „Um das Mögliche zu erreichen, muss ich das Unmögliche fordern“ vor, kann das bei ihm Frustration, Ängste und Selbstzweifel auslösen. Das kann sogar schon in die Nähe von Mobbing-Handlungen gerückt werden. Sie sollten sich deshalb den Merksatz zu eigen machen: Den Neuling nicht unterfordern, ihn nicht überfordern, sondern ihn herausfordern! Erst herausfordernde Aufgaben vermitteln dem Neuling das Gefühl des Gefordert- und Gebrauchtwerdens und bilden im Fall des Erfolges den Ansporn für künftige Leistungen auf hohem Niveau.

Die Darstellung seines Aufgaben-/Zuständigkeitsbereichs ist für Ihren neuen Mitarbeiter von entscheidender Bedeutung. Er hat neben einer klaren Aufgabenbeschreibung auch unzweideutige Angaben über die mit den Aufgaben in Zusammenhang stehenden Kompetenzen sowie über seine Verantwortung vor sich. Dies stellt einen gewissen Schutz gegen willkürliche organisatorische Regelungen dar: Der Neue braucht sich zu Beginn seiner Tätigkeit nicht in einem Kompetenzgerangel mit den Kollegen aufzureiben, was seiner Integration abträglich wäre. Für die bereits seit Längerem der Firma angehörenden Mitarbeiter entfällt die Möglichkeit, sich „Sahnestücke" aus anderen Arbeitsbereichen einzuverleiben und den eigenen „Machtbereich" auf Kosten des Neuen auszudehnen. Auch wird verhindert, dass dem Neuen im Falle eines Misserfolges die Verantwortung für Dinge angelastet wird, für die eigentlich jemand anderes geradestehen müsste.

Liegt keine Stellenbeschreibung vor, erläutern Sie ersatzweise die dem Mitarbeiter ausgehändigten Materialien (vgl. Kap. 3.2).

Erforderliche Hilfsmittel vorstellen

Es gilt, dem Neuen auch die zur Erledigung der Aufgaben erforderlichen Materialien, Werkzeuge, Geräte und Maschinen in funktionstüchtigem Zustand vorzustellen. Hierbei bietet es sich an, auf die ordnungsgemäße Behandlung der Betriebsmittel einzugehen.

Fehlerquellen aufzeigen

Sie können verhindern, dass der neue Mitarbeiter vorauszusehende Fehler begeht oder sich unnötig Gedanken über Anfangsschwierigkeiten macht, mit denen sich vor ihm schon andere Mitarbeiter erfolgreich auseinandergesetzt haben. Versuchen Sie also, ihn auch in Hinblick auf mögliche Fehlerquellen auf den Informationsstand zu bringen, über den die etablierten Betriebsangehörigen bereits verfügen.

Aufgabe für den ersten Arbeitstag

Sie hatten Zeit, sich auf die neue Situation einzustellen und einen der Qualifikation des Neuen entsprechenden und auch zu bewältigenden Arbeitsauftrag auszuwählen. Günstig wäre es, wenn diese Aufgabe so überschaubar ist, dass sie auch am ersten Tag abgeschlossen werden kann. Damit hätte der Neuling direkt ein Erfolgserlebnis, was bei ihm einen Motivationsschub auslösen könnte.
Keinesfalls sollten Sie hingegen dem Neuen eine Aufgabe übertragen, an der sich andere bereits die Zähne ausgebissen haben. Stellt sich dann ein Misserfolg ein, leidet die Motivation des Neulings und er erleidet einen Imageverlust.

Die Bedeutung des Arbeitsplatzes herausstellen

In einer Zeit, in der immer mehr Mitarbeiter über immer weniger immer mehr wissen, wird für den Einzelnen der Sinn seiner Tätigkeit immer weniger erkennbar. Sie sollen Ihrem neuen Mitarbeiter deshalb das Ineinandergreifen der Teilfunktionen einzelner Arbeitsplätze und damit die Wirkungsmöglichkeit und die Verantwortung des einzelnen Mitarbeiters überzeugend erläutern. Ihm wird dann klar, weshalb sein Arbeitsplatz für die Abteilung und das gesamte Unternehmen besonders wichtig ist. Legen Sie auch dar, wann und wo an welchen Meetings oder Teambesprechungen eine Teilnahme erforderlich ist. Mit dem Herausstellen der Bedeutung der Arbeit Ihres Mitarbeiters vermitteln Sie ihm das Gefühl, einen wichtigen und wertvollen Beitrag zum Betriebsgeschehen zu leisten.

In die Organisationsstruktur einführen

Sehr eng mit dem vorangegangenen Punkt ist die Aufforderung verbunden, dem Neuen auch die Organisationsstruktur des Betriebes und der Abteilung darzulegen. Denn je größer das Unternehmen ist, umso unübersichtlicher und verwirrender erscheint es dem Neuling. Dieser benötigt die Informationen über die Organisationsstruktur zwar nicht unmittelbar zur Aufgabenerledigung, sie sind dennoch erforderlich, damit er den Betrieb in seinen technischen, organisatorischen und personellen Zusammenhängen überschauen und verstehen kann. Er wird so nicht nur über seine eigene Stellung sowie die Verflechtungen des eigenen Arbeitsplatzes mit anderen Stellen im Betrieb aufgeklärt, sondern erfährt beispielsweise auch, mit welchen abteilungsfremden Stellen er Informationen ohne Einhaltung des üblichen Dienstweges austauschen muss.

Unternehmensphilosophie verdeutlichen

Jedes Unternehmen benötigt Grundsätze, damit nicht das Gesetz des Dschungels die Oberhand gewinnt. Eindeutige und unmissverständliche Grundsätze, die von den Mitarbeitern auch akzeptiert und nicht bekämpft werden, stellen in Verbindung mit motivierten Betriebsangehörigen die Weichen auf Erfolg. Sie spiegeln die Unternehmensphilosophie (Corporate Identity = „Geist des Hauses") wider und bilden den Rahmen, die Verfassung des Unternehmens. So kann in einer Unternehmensphilosophie zum Beispiel von Stetigkeit und Solidität gesprochen werden, von angemessenem Gewinn, gründlicher Forschung und moderner Technik, von der Bewahrung des Bewährten und der Förderung des Fortschritts. In älteren Unternehmen wird der sozialen Tradition gedacht. Auch wird dargestellt, dass die Mitarbeiter wichtigster Teil des Unternehmens sind, dass die Geschäftspolitik klar, offen und fair sein soll, auf Dauer und Vertrauen ausgerichtet.

Identifiziert sich der neue Mitarbeiter im Laufe der Zeit mit der Unternehmensphilosophie, kann er im Idealfall zu einem Botschafter des neuen Arbeitgebers werden.

Viele Firmen erarbeiten auf der Basis der Unternehmensphilosophie Führungsgrundsätze. Diese stellen einen Orientierungsrahmen für das Zusammenwirken von Vorgesetzten und Mitarbeitern aller hierarchischen Ebenen dar.

Entwicklungsmöglichkeiten aufzeigen

Sieht ein Mitarbeiter bei seinem Arbeitgeber langfristig keine Aufstiegsmöglichkeiten oder interessante Verdienstchancen, wird ihn das kaum zu verstärkten An-

strengungen veranlassen. Vielmehr wird er bei einem günstigen Angebot mit wehenden Fahnen den Arbeitsplatz wechseln. Werden ihm hingegen Möglichkeiten einer beruflichen Fortentwicklung im Betrieb deutlich, wirkt sich dies positiv auf sein Leistungsverhalten aus. Er erkennt, dass sich Leistung auszahlen wird.
Sie betreiben in diesem Fall Personalentwicklung oder Karriereplanung für den neuen Mitarbeiter (falls hierfür nicht bereits im Betrieb eine besondere Stabsstelle eingerichtet ist). Durch die frühzeitige Information über innerbetriebliche Aufstiegsmöglichkeiten wird der Mitarbeiter motiviert. Ungewissheit und daraus resultierende Unzufriedenheit kommen hingegen gar nicht erst auf. Zeigen Sie dem neuen Mitarbeiter die leistungsmäßigen Voraussetzungen für ein mögliches berufliches Fortkommen im Unternehmen auf, nennen Sie fairerweise aber auch die betrieblichen Umstände, von denen die Verwirklichung der Entwicklungsmöglichkeiten abhängt. Im Interesse Ihrer Glaubwürdigkeit sollten Sie keine falschen Hoffnungen wecken.

Betriebliches Vorschlagswesen erläutern

Eine lange Betriebszugehörigkeit führt häufig zu Betriebsblindheit und Denken in eingefahrenen Gleisen. In dieses konventionelle Denken ist der neue Mitarbeiter noch nicht eingebunden, bei ihm besteht kein Mangel an betriebsfremden Eindrücken. Achten Sie also darauf, dass die Erfahrungen des neuen Mitarbeiters aus früheren Tätigkeiten als Innovationsimpulse verwertet werden. Möglicherweise hält sich der neue Mitarbeiter mit entsprechenden Vorschlägen vorsichtig zurück, um nicht bei den Kollegen als Besserwisser unangenehm aufzufallen. Weisen Sie ihn darauf hin, dass in Ihrem Bereich konstruktive Kritik und erwägenswerte Vorschläge gewünscht werden. Bitten Sie ihn auch, von Beginn an diese Punkte zu Papier zu bringen, damit mögliche innovatorische Anstöße nicht in Vergessenheit geraten können. Vermeiden Sie den Eindruck, Sie würden dem Neuen größere Zugeständnisse auf Kosten der etablierten Mitarbeiter machen.

Wird in Ihrem Unternehmen das betriebliche Vorschlagswesen praktiziert, verfügen Sie bereits über ein Instrument, welches die Verbesserungsvorschläge der Mitarbeiter erfasst, aktiviert und honoriert. Verdeutlichen Sie dem Neuling das in Ihrem Betrieb geltende Bewertungssystem. Stellen Sie eindringlich dar, dass keinem damit geholfen ist, wenn ein Mitarbeiter seinen Unmut über Unzulänglichkeiten mit sich herumträgt oder über Mängel nur schimpft. Vielmehr soll sich in Ihrem Bereich jeder Mitarbeiter stets bemühen, auch harte Nüsse zu knacken, also günstigere Lösungen zu suchen und zu finden.

Weiterbildungsangebote erörtern

Erörtern Sie mit Ihrem neuen Mitarbeiter auch, welche Fortbildungsmaßnahmen er besuchen sollte. Bietet Ihr Unternehmen betriebliche Weiterbildungsmöglichkeiten an, sollten Ihre Hinweise zur Teilnahme an bedarfsorientierten und anwendungsbezogenen Bildungsveranstaltungen nicht fehlen.

Gemeinsam Ziele vereinbaren

Ist die fachliche Integration des Neuen erfolgreich abgeschlossen, sollten Sie mit ihm Ziele vereinbaren. Mit der Zielvereinbarung werden Sollvorstellungen entwickelt, an denen später durch Kontrollmechanismen das Handlungsergebnis zu messen ist. Sie erleichtern dem Mitarbeiter die Selbstkontrolle und verringern damit Ihren Kontrollaufwand.

Ziele zu vereinbaren bedeutet bei richtiger Anwendung, den Neuling zum Mitdenken und zur Mitverantwortung zu aktivieren. Mit der Zielvereinbarung verfügt der Mitarbeiter über das Fundament, auf dem er einen Ablaufplan errichten kann. In ihm legt er fest, in welchen Teilschritten, auf welchen Wegen und mit welchen Methoden das Ziel im Rahmen allgemeingültiger Regeln des Betriebes erreicht werden soll. Hiernach wählt er im Regelfall die Mittel zum Erreichen der vereinbarten Ziele.

30 *Der direkte Vorgesetzte sollte mit dem Neuling die Stellenbeschreibung durchsprechen, die erforderlichen Hilfsmittel vorstellen und auf Fehlerquellen hinweisen. Motivierend wirkt es, wenn die Bedeutung des Arbeitsplatzes für den Betrieb herausgestellt wird, zudem sollten dem Mitarbeiter Entwicklungsmöglichkeiten aufgezeigt werden. Die*

Vereinbarung von Zielen ist für erfolgreiches Arbeiten wichtig.

4.2 Unterweisen am Arbeitsplatz

Sie haben bereits geklärt, ob neben der obligatorischen Einführung auch eine Unterweisung vorzusehen ist (Kap. 3.1). Halten Sie eine Unterweisung für erforderlich, muss noch ein gut durchdachtes Unterweisungsprogramm erarbeitet und realisiert werden. Eine wohlüberlegte Unterweisung darf keinesfalls als vermeidbarer Luxus angesehen werden, sondern ist gleichzeitig auch als Fehlervermeidungs- und Kostensenkungsprogramm zu betrachten.

Der Mitarbeiter darf beim Lernen nicht auf sich selbst gestellt sein. Dadurch würde Material, Zeit und Geld vergeudet und dem Neuling in unverantwortlicher Weise der Weg zu der gewünschten vollen Leistungsfähigkeit versperrt. Im Interesse aller Beteiligten sollten Sie in jedem Fall darauf achten, dass erkennbare Defizite durch die erforderliche Unterweisung möglichst bald ausgeglichen werden.

Ziel der Unterweisung ist

1. die richtige, selbstständige, gewissenhafte, fehlerfreie, unfallsichere und schnelle Ausführung der dem Arbeitsplatz zugeordneten Aufgaben bei

2. verbesserter Qualität, einheitlichen Arbeitsmethoden sowie vermindertem Energie-, Material- und Werkzeugeinsatz bei
3. innerer Anteilnahme des Neuen an der Arbeit und am Betriebsgeschehen.

Es genügt zunächst die Beherrschung der im Normalfall zu verrichtenden Aufgaben ohne fremde Hilfe. Erst später sollte dieser Leistungsstand auch bei Ausnahmefällen verlangt werden. Denken Sie bitte daran, dass noch kein Meister vom Himmel gefallen ist und die Praxis als bester Lehrmeister gilt.

Regelmäßig zeigen neue Mitarbeiter viel Lern- und Aufnahmebereitschaft sowie Eifer. Für alles Neue sind sie offen. Schließlich wollen sie sich in der neuen Umgebung nicht nur schnell orientieren, sondern möglichst auch viel lernen und damit bei Vorgesetzten und neuen Kollegen Anerkennung finden. In dieser Situation sind also gute Voraussetzungen gegeben, um bei einer Unterweisung am Arbeitsplatz tatsächlich einen großen Lernerfolg zu erzielen.

Bei der Unterweisung am Arbeitsplatz verlassen wir uns im Wesentlichen auf Betriebsangehörige:

- den Vorgesetzten,
- betriebliche Ausbilder und Trainer,
- den ausgewählten Paten,
- den bisherigen Stelleninhaber,
- einen Kollegen,
- mehrere Kollegen, bei denen der Neuling nach einem konkreten Zeitplan hospitieren soll.

Es wird eher selten die Situation eintreten, dass die Unterweisung bei Lieferanten oder Kunden durchgeführt wird oder firmenexterne Schulungen oder Seminare besucht werden sollen. Diese haben bestenfalls flankierenden Charakter.
Achten Sie darauf, dass der Unterweisende

- den Arbeitsbereich des neuen Mitarbeiters mit den Anforderungen dieser Stelle genau kennt,
- die erforderlichen arbeitspädagogischen Kenntnisse besitzt,
- auch gegenüber einem in der Betriebshierarchie ranghöheren zu unterweisenden Mitarbeiter Weisungsbefugnis für die Unterweisungsphasen erhält,
- über die notwendige Autorität (das heißt Anerkennung des Unterweisenden als Mensch und Fachmann durch den neuen Mitarbeiter) verfügt und
- vor allem bereit ist, sich zu engagieren, anstatt flüchtig, verworren und ungeduldig den Unterweisungsauftrag „wenn es sich gerade einmal ergibt", „so nebenher" oder „bei Gelegenheit" zu erledigen.

Die täglichen Arbeitsvorgänge am Arbeitsplatz des Neulings dienen als Trainingsmittel. Demzufolge sollte ein Training am Arbeitsplatz einer Schulung im „Klassenzimmer" vorgezogen werden.
Der Unterweisungsplan ist sowohl dem Unterweisungsthema als auch der Ausbildung, Berufserfahrung, dem Einsatz und dem Status des neuen Mitarbeiters flexibel anzupassen. Aus dem Unterweisungsplan geht hervor,

- **was** vermittelt werden soll (Stoffplan),
- **in welcher Zeit** dies geschehen soll (Zeitplan) und
- **wie** am besten vorgegangen werden soll (Methodenplan).

TWI-Methode

Nachfolgend wird die wohl bedeutendste systematische Unterweisungsmethode vorgestellt, die TWI-Methode (Training Within Industry = Ausbildung im Betrieb):

Stufe 1: Unterweisung vorbereiten

Der Arbeitsplatz ist übersichtlich geordnet, erforderliche Werkzeuge, Unterlagen und Hilfsmittel liegen von Beginn an bereit. Als Unterweisender haben Sie sich gut vorbereitet und schildern anschaulich und übersichtlich die neue Tätigkeit in groben Zügen. An den Reaktionen Ihres Gegenübers werden Sie erkennen, in welchem Umfang bereits Fertigkeiten und Kenntnisse vorhanden sind.

Stufe 2: Vormachen, Handeln erklären

In diesem Schritt findet die eigentliche Unterweisung statt, bei der Sie nachfolgende lernpsychologische Hilfen beachten sollten, die den Lernprozess fördern:

- Der Unterwiesene muss zuerst einen Überblick über den gesamten Arbeitsvorgang erhalten. Sehen Sie anschließend sinnvoll aufgeteilte Lernschritte bzw. appetitliche Informationshappen für den neuen Mitarbeiter vor.

- Bringen Sie die Lernschritte in eine sinnvolle Reihenfolge! Dann werden die einzelnen Lernschritte nicht mehr als strukturlose Einzelinformationen erkannt, sondern als Glieder einer Kette. Ein logisch in sich zusammenhängender Lernstoff wird leichter verstanden und besser behalten.
- Gestalten Sie Ihre Instruktionen anschaulich! Da der Mensch Informationen zu 83 Prozent über das Auge aufnimmt, sollten Sie nach Möglichkeit bildliche Darstellungen (Skizzen, Modelle u. Ä.) in Ihre Unterweisung einbeziehen. Schildern Sie einen Sachverhalt hingegen lediglich abstrakt, so bleibt Ihre Aussage farblos.
- Beispiele illustrieren Ihre Aussage, machen sie plastisch und steigern die Überzeugungskraft. Wichtig ist, wirklich geeignete, farbige und aktuelle Beispiele zu finden. Besonders zu empfehlen sind solche, die dem Erfahrungsbereich und dem Lebenskreis des zu Unterweisenden entnommen sind, sodass sich sogleich ein Aha-Effekt einstellt und die Information im Gedächtnis besser verankert wird.
- Setzen Sie nicht zu viel voraus, selbst dann nicht, wenn der Neuling von Beginn an den Eindruck macht, er hätte den Durchblick. Welcher Mitarbeiter lässt schon gern das Ausmaß seiner Wissenslücken erkennen?
- Vergewissern Sie sich mit der Frage „Haben Sie das verstanden?“. Glauben Sie oft zu hörenden Antwort „Ja“, können Sie noch lange nicht von einem Unter-

weisungserfolg ausgehen. Vielleicht traut sich der Neuling nur nicht, zuzugeben, dass er etwas nicht ganz verstanden hat. Fragen Sie daher genauer nach.

- Ermuntern Sie den neuen Mitarbeiter zu Fragen! „Dumme" Fragen gibt es bei der Unterweisung nicht, im Gegenteil: Je mehr Fragen gestellt werden, desto größer ist der Lernerfolg.
- Auch bei der Unterweisung gilt, dass der Neue nicht überfordert, nicht unterfordert, sondern herausgefordert werden sollte. Bei Überforderung wendet sich der Lernende ab, da er keine Erfolgsaussichten erkennt. Bei Unterforderung stellt sich Langeweile ein. Wird der neue Mitarbeiter durch die Unterweisung aber herausgefordert, arbeitet er engagiert und motiviert mit und mobilisiert seine Reserven.

So gelingt Lernen:
Damit sich der Lernende nicht im luftleeren Raum fühlt, sondern ständig festen Boden unter den Füßen hat, können Sie sich an den seit Langem bekannten Schulmeisterregeln orientieren:

- Vom Bekannten zum Unbekannten!
- Vom Leichten zum Schwierigen!
- Vom Einfachen zum Komplexen!
- Vom Allgemeinen zum Besonderen!
- Vom Nahen zum Entfernten!
- Vom Konkreten zum Abstrakten!
- Vom Langsamen zum Schnellen!

Eine weitere Faustregel ist das folgende Schema für Erläuterungen:

- **Was?** = *Was* soll getan werden?
- **Wie?** = *Wie* soll es getan werden?
- **Warum so?** = *Warum* muss es *so* und nicht anders getan werden?

Gerade die Erklärung des „Warum so?“ fördert das Mitdenken und nimmt der Unterweisung den Charakter einer willkürlichen Anordnung.

Stufe 3: Nachmachen und erklären lassen, ggf. korrigieren

Haben Sie den Eindruck, dass Ihre Ausführungen in der vorangegangenen Stufe verstanden wurden, muss der Mitarbeiter beweisen, dass er alles begriffen hat und nun selbst arbeiten kann. Wenn Menschen etwas selbst tun, ist die Lernintensität besonders hoch – durchschnittlich 90 Prozent!

Lassen Sie sich vom neuen Mitarbeiter auch erklären, was er gerade macht und weshalb dies gerade in der von ihm gezeigten Art und Weise zu geschehen hat. Aus den Antworten auf Ihre Fragen erkennen Sie sofort, ob eine Arbeit nur mechanisch nachgemacht wird oder ob der Sinn der einzelnen Schritte tatsächlich verstanden worden ist.

Wichtiger als das Arbeitstempo ist zunächst, dass der neue Mitarbeiter versteht, was er an seinem Arbeitsplatz tut. Zeigen Sie auch dann Geduld und Verständnis, wenn Sie nach mehrfachen Erläuterungen korrigieren müssen.

Wiederholung ist wichtig
Erworbenes Wissen wird leider schon nach kurzer Zeit durch neue Eindrücke überlagert und beginnt in Vergessenheit zu geraten. Es reicht daher nicht, etwas einmal zu beherrschen. Was auf Dauer behalten werden soll, muss auch regelmäßig trainiert werden. Je früher wiederholt wird, umso weniger Arbeits- und Zeitaufwand ist für das Wiederholen notwendig. Weshalb sollte die erste Wiederholung nicht schon am folgenden Tag erfolgen? Ebenfalls sinnvoll ist eine Wiederholung eine Woche später und schließlich noch einmal eine nach vier Wochen.

Stufe 4: Allein weiterarbeiten lassen, Ergebnisse kontrollieren

Nur Übung macht den Meister! Lassen Sie den Mitarbeiter nun mehr und mehr selbstständig arbeiten, wobei Sie sich weiter um ihn kümmern, beratend und helfend. Ermuntern Sie den Neuen auch dazu, die Fragen zu stellen, die zwischenzeitlich auftauchen – nach dem Motto: Lieber einen Moment „dumm" erscheinen, als immer wieder die gleichen Fehler machen.
Da eine Unterweisung ohne die Beantwortung der Frage „Ist das Unterweisungs-/Lernziel erreicht worden?" unvollständig wäre, müssen Sie den Unterweisungserfolg kontrollieren. Erkennen Sie hierbei gute Arbeitsergebnisse, ist ein aufmunterndes und anerkennendes Wort angebracht. Denn werden gute Leistungen nicht positiv bestätigt, sinken die Leistungsbereitschaft und

das Leistungsniveau des Mitarbeiters wegen fehlender Erfolgserlebnisse ab.
Fehler sollten Sie weder großzügig übersehen noch beschönigen („Na ja, das ist ja nun wirklich kein Beinbruch, wir haben alle einmal klein angefangen"), sondern eine sachliche und konstruktive Kritik unter vier Augen üben.

Aus Fehlern lernen
Bevor Sie aufgrund von Fehlern ärgerlich werden, denken Sie an Erfahrungen, die Sie selbst bereits gemacht haben. Jeder Mensch, der mit einer neuen Aufgabe konfrontiert wird, macht unweigerlich Fehler. Aus Fehlern können wir lernen. Je früher und je häufiger in der Anfangszeit Fehler gemacht und korrigiert werden, desto mehr hat der neue Mitarbeiter die Chance, zu lernen und die Fehler in Zukunft zu vermeiden.

30

Soll eine Unterweisung von Erfolg gekrönt sein, ist systematisches Vorgehen wichtig: Der erste Schritt ist das Vorbereiten, dann folgt die eigentliche Unterweisung – vormachen und erklären, zeigen und erläutern. Anschließend soll der Mitarbeiter die Handgriffe nachmachen und in eigenen Worten erklären. Bei Bedarf wird korrigiert. Anschließend soll der Mitarbeiter allein weiterarbeiten, allerdings werden die Ergebnisse kontrolliert.

4.3 Fortschrittskontrolle

Nachdem der Mitarbeiter eine Einführung und, falls erforderlich, auch eine Unterweisung erhalten hat, sollte er selbstständig seine Arbeit ausführen. In der Anfangszeit sollten Sie sich jedoch besonders um den neuen Mitarbeiter bemühen und aufmerksam beobachten, wie er seinem Aufgabenbereich nachkommt, wie er in die Arbeitsabläufe eingebunden ist und wie sich seine Zusammenarbeit mit anderen Betriebsangehörigen darstellt. Hierüber geben Sie dem Mitarbeiter frühzeitig und kontinuierlich in wertschätzender Weise Feedback.

Kooperativ führende Vorgesetzte zeichnen sich gerade dadurch aus, dass sie mit dem Neuen auch vorurteilsfrei über alle Probleme diskutieren, die sich beim Onboarding naturgemäß ergeben und die sich anderweitig nicht lösen lassen. Unzulänglichkeiten lassen sich mithilfe des folgenden Fragenkatalogs erkennen und ausräumen:

Fragenkatalog zur Fortschrittskontrolle

1. Was ist Ihnen seit Ihrem Arbeitsantritt sowohl positiv als auch negativ aufgefallen?
2. Füllt Sie Ihr Aufgabenbereich quantitativ/qualitativ aus?
3. Haben Sie eine interessante Arbeit?
4. Können Sie Ihre Arbeit selbstständig ausführen?
5. Lässt sich das Arbeitspensum in der vorgesehenen Arbeitszeit erledigen?

6. Hätten Sie noch „Luft" für eine Aufgabenerweiterung?
7. Sind Sie mit Ihrem Arbeitsplatz zufrieden?
8. Stehen alle für Ihren Arbeitsplatz erforderlichen Hilfsmittel zur Verfügung und können Sie diese richtig einsetzen/anwenden?
9. Welche Bereiche Ihres Arbeitsplatzes interessieren Sie am meisten?
10. Welche Bereiche Ihres Arbeitsplatzes interessieren Sie am wenigsten?
11. Welche Ihrer Fähigkeiten verkümmern gegenwärtig und sollten (noch) besser eingesetzt werden?
12. Sind Unklarheiten in den Kompetenzregelungen aufgetreten?
13. Welche Aufgaben bereiten Ihnen noch Probleme? Wie können behindernde Faktoren ausgeräumt werden? Welche Mittel und Wege sind zur Beseitigung der Schwachstellen zu nutzen?
14. Wünschen Sie mehr Unterstützung?
15. Haben Sie zu Ihren Kollegen einen guten Kontakt?
16. Haben Sie zu Ihren Mitarbeitern einen guten Kontakt?
17. Haben Sie zu weiteren Ansprechpartnern (z. B. Betriebsrat, Kunden, Lieferanten) einen guten Kontakt?
18. Werden Sie im Rahmen Ihres Aufgabenbereichs bei Planungen und Entscheidungen nach Ihren Vorschlägen gefragt?
19. Werden Sie mit genügend Informationen für Ihren Arbeitsbereich versorgt?
20. Wünschen Sie mehr über Ihren Arbeitsbereich hinausgehende Informationen?

21. Sind Sie mit der gegenwärtigen Arbeitszeitregelung einverstanden?
22. Gibt es noch irgendwelche Probleme, die abgestellt werden sollten?
23. Durch welche Maßnahmen ließe sich Ihre Arbeitszufriedenheit steigern?
24. Welche Vorschläge können Sie zur Verbesserung von Arbeitsabläufen in unserer Abteilung/Firma oder in Ihrem Tätigkeitsbereich machen?
25. Was haben Sie bisher bei Ihrer Einführung vermisst?

Gerade der vorletzte Punkt des Fragenkatalogs kann wichtig sein: Der Neuling ist noch nicht betriebsblind. Er hat noch einen unverstellten Blick auf die Stärken und Schwächen des Betriebs. Aus in vorangegangenen Arbeitsverhältnissen gesammelten Erfahrungen können sich nützliche Hinweise ergeben, die bei einer Übertragung in das neue Unternehmen zu erheblichen Verbesserungen beitragen können.

Strategische Kontrollpunkte

Sie überwachen den gesamten Ablauf des Einführungsprogramms. Ihre Beobachtungen ergänzen Sie durch Kontakte mit den Kollegen, dem Paten und dem/den Unterweisenden.
Gerade in der Einführungszeit werden Sie häufigere Stichprobenkontrollen an den strategischen Kontrollpunkten vorsehen. Dies sind Punkte,

- an denen nach Ihrem Kenntnisstand der Mitarbeiter Schwächen erkennen lässt,
- an denen erfahrungsgemäß Probleme/Störungen besonders häufig auftreten,
- an denen Fehler zu weiteren Fehlern oder Abweichungen führen können (z. B. Fehler in der Annahme von Reparaturaufträgen, die zu unnötigen oder falschen Arbeiten in der Werkstatt führen) und
- an denen Arbeiten spätestens begonnen werden müssen, um sie termingerecht abschließen zu können.

Balance halten

Halten Sie die Balance zwischen häufigem und seltenem Kontrollieren. Zu häufige Kontrollen entmündigen den neuen Mitarbeiter, erziehen ihn zur Unselbstständigkeit und lösen Aversionen gegenüber dem Vorgesetzten aus. Zu seltene Kontrollen vergrößern indes das Fehlerrisiko.

Wesentlicher Zweck Ihrer Kontrollen muss die Ergebnisverbesserung sein. Stellen Sie gewünschte Ergebnisse fest, hat Ihr Mitarbeiter Anerkennung verdient. Wird das Soll jedoch durch Fehler oder falsche Verhaltensweisen des Mitarbeiters verfehlt, setzen Sie das Führungsmittel Kritik konstruktiv ein.

Führungsaufgabe Kontrolle
Würden Sie Ihrer Führungsaufgabe Kontrolle nicht nachkommen, könnte bei dem Mitarbeiter der fatale Eindruck entstehen, seine Arbeit und damit auch er selbst seien für das betriebliche Geschehen unwichtig. Mit Ihren Fortschrittskontrollen begleiten Sie hingegen den Mitarbeiter auf seinem Weg zum Erfolg. Indem Sie bei positiven Ergebnissen das lebenswichtige Vitamin Anerkennung einsetzen und bei Unzulänglichkeiten konstruktiv Kritik üben, machen Sie dem Mitarbeiter transparent, dass Ihnen seine baldige und in jeder Hinsicht vollständige Integration am Herzen liegt.

Übernahmeentscheidung treffen

Die Fortschrittskontrollen helfen Ihnen auch, eine fundierte Übernahmeentscheidung vor Ablauf der Probezeit zu treffen. Zweifeln Sie an der Eignung des Neulings, ziehen Sie besser die Reißleine. Allerdings sollte die Auflösung des Arbeitsverhältnisses am Ende der Probezeit eher eine Ausnahme bilden: Sie ist für den Arbeitgeber die teuerste Lösung. Bei einer Fehlbesetzung beginnt die Mitarbeitersuche von vorn – mit allen damit verbundenen Unwägbarkeiten. Häufig bleiben auch die Aufgaben, die der Neue übernehmen sollte, entweder ganz liegen oder sie werden nur zeitverzögert erledigt.

30 ***Damit der neue Mitarbeiter so schnell wie möglich erfolgreich arbeiten kann, sollte sein Vorgesetzter***

- mit ihm Aufgaben, Kompetenzen und den Verantwortungsbereich durchsprechen,
- die erforderlichen Hilfsmittel vorstellen und Fehlerquellen aufzeigen,
- eine passende Aufgabe für den ersten Tag auswählen,
- die Bedeutung des Arbeitsplatzes herausstellen,
- in die Organisationsstruktur einführen,
- die Unternehmensphilosophie verdeutlichen,
- Entwicklungsmöglichkeiten aufzeigen und Weiterbildungsangebote vorstellen,
- das betriebliche Vorschlagswesen erläutern,
- gemeinsam mit dem Mitarbeiter Ziele vereinbaren.

Bei Bedarf sollte außerdem eine systematische Unterweisung, zum Beispiel mit der TWI-Methode, durchgeführt werden.
In der Anfangszeit gilt es, den Mitarbeiter aufmerksam zu beobachten. Regelmäßige Fortschrittskontrollen sowie Stichprobenkontrollen an strategischen Kontrollpunkten sind wichtig. Zweck der Kontrollen ist die Ergebnisverbesserung. Wertschätzendes Feedback und konstruktive Kritik tragen dazu bei, dass der Mitarbeiter bald selbstständig seinen Aufgaben nachkommen kann.

Empfehlungen für neue Mitarbeiter

Um nach Arbeitsaufnahme Fettnäpfchen, Fallstricken und Stolpersteinen aus dem Weg zu gehen und sich gut einzuleben, sollten Sie eine gehörige Portion Fingerspitzengefühl walten lassen. Dies gilt besonders für die ersten zwei bis drei Monate beim neuen Arbeitgeber, die bei Befragungen als besonders stressig bezeichnet wurden. August Graf von Platen brachte es präzise und treffend zum Ausdruck: „Bemerke, höre, schweige, urteile wenig, frage viel." Beherzigen Sie außerdem folgende Empfehlungen für einen erfolgreichen Start:

1. Bereiten Sie sich gut vor

Lassen Sie sich vor Arbeitsantritt eine aktuelle Stellenbeschreibung geben, damit Sie von Anfang an wissen, wo Ihre Stelle organisatorisch „aufgehängt" ist und welche Aufgaben, Kompetenzen und Verantwortungen auf Sie zukommen werden. So laufen Sie nicht Gefahr, sich in eine unnötige Kompetenzrangelei mit Kollegen begeben zu müssen. Falls möglich, bitten Sie um zusätzliches Material, um sich bereits vor Arbeitsantritt einarbeiten zu können.

2. Gehen Sie es ruhig an

Arbeiten Sie nicht wild drauflos, um einen guten Eindruck zu machen. Von Ihnen erwartet kaum jemand, dass Sie sich vom ersten Tage an groß in Szene setzen. Verhalten Sie sich zunächst abwartend, beobachtend, fragend und lernend. Selbst wenn Sie über eine vielschichtige Berufspraxis verfügen, achten Sie auf Besonderheiten im neuen Wirkungsfeld, denn jeder Funktionsbereich ist etwas anders strukturiert. Auch ist der Arbeitsstil nicht überall identisch. Möglicherweise kommen Sie dabei zu der Einsicht, dass Sie Ihre bisherigen Erfolgsrezepte korrigieren müssen.

3. Sorgen Sie für einen positiven Kontakt

Ein gut eingespieltes Team entwickelt Gruppennormen („Bei uns ist es üblich ..."), die für einen Neuling nicht leicht zu entschlüsseln sind. Denken Sie an bestimmte Rituale und Anspielungen, die für Eingeweihte selbstverständlich sind. Man versteht sich, ohne hierüber große Worte zu verlieren. Die neue Umgebung, die Sie betreten, ist für Sie ein fremdes Terrain: Sie müssen es zunächst für sich entdecken und die besonderen Eigenheiten erkennen. Dies gelingt Ihnen nur, wenn Sie für einen positiven Kontakt zu Vorgesetzten, Kollegen und Mitarbeitern sorgen. Auf gar keinen Fall sollten Sie sich nur in die Arbeit vergraben und abkapseln.

4. Halten Sie sich mit Kritik zunächst zurück

Treten Sie zunächst nicht zu forsch, sondern als Lernender auf. Selbst wenn aus Ihrer Sicht gegen wichtige Grundsätze verstoßen wird und Sie zu dem Ergebnis gelangen, dass Betriebsblindheit und Denken in eingefahrenen Gleisen den Betriebserfolg schmälern, halten Sie sich vorerst zurück. Zeigen Sie zu früh Flagge, käme das bei den etablierten Betriebsangehörigen nicht gut an. Schnell wären Sie abqualifiziert, was schlimmstenfalls dazu führen könnte, dass man sich am Ende der Probezeit gegen Sie entscheidet. Erst wenn Ihre Einführungsphase erfolgreich beendet ist und Sie alle Einzelheiten und Besonderheiten des neuen beruflichen Umfeldes beurteilen können, ist es angebracht, dass Sie vorsichtig Kritik üben oder Vorschläge machen.

5. Haben Sie Geduld

Neulinge, die nach ihrer Ausbildung/ihrem Studium erstmalig in ein Arbeitsverhältnis eintreten, berichten vielfach von einem Praxisschock. Vielleicht machen auch Sie nach kurzer Bekanntschaft mit der betrieblichen Praxis die ernüchternde Erfahrung: Nur ein kleiner Teil der mit viel Lernaufwand erworbenen Fachkenntnisse lässt sich sogleich beruflich einsetzen, während viel Know-how ungenutzt brachliegt. Doch diese Diskrepanz zwischen Gelerntem und im Arbeitsalltag Umsetzbarem sollte kein Grund zur Frustration sein. Das gegenwärtig nicht genutzte fachliche Potenzial vergrößert Ihren „Durchblick". Sie sollten es als Baustein für Ihre weitere berufliche Karriere betrachten.

6. Erkennen Sie die informellen Strukturen

Neben der offiziellen (formellen) Organisation eines Betriebes kann es informelle Organisationsstrukturen geben. Versuchen Sie, zu erkennen, wer im informellen Bereich den Ton angibt, und hüten Sie sich davor, sich frühzeitig mit dem informellen Führer anzulegen.

7. Finden Sie beim Engagement einen Mittelweg

Auch wenn Sie sich schnell profilieren wollen, um Anerkennung zu erlangen, die Probezeit erfolgreich zu überstehen und fest im Sattel zu sitzen, sollten Sie sich dennoch zurückhalten und den Mund nicht zu voll nehmen. Verderben Sie von Beginn an „die Preise" durch zu engagiertes Arbeiten, werden Ihnen möglicherweise die alteingesessenen Kollegen Steine in den Weg legen. Das bedeutet aber nicht, dass Sie sich vor unangenehmen Aufgaben, die im Bereich Ihres Leistungsvermögens liegen, drücken sollten. Wenn Sie diese engagiert übernehmen, weiß Ihr berufliches Umfeld das bald zu schätzen.

8. Bleiben Sie freundlich, aber vertreten Sie Ihren Standpunkt

Verhalten Sie sich allen Betriebsangehörigen gegenüber freundlich, aufgeschlossen und zuvorkommend. Lassen Sie sich aber nicht aus falscher Bescheidenheit an die Wand drücken. Ein persisches Sprichwort sagt: „Der ist leicht zu schlagen, der sich einmal schlagen ließ." Vertreten Sie also Ihren Standpunkt bei Meinungsverschiedenheiten. Bleiben Sie in der Sache hart, im Auftreten jedoch verbindlich. Ist Ihnen ein Teammitglied unsympathisch, sollten Sie sich dies nicht anmerken lassen. Zeigen Sie Ihre ablehnende Haltung, laufen Sie Gefahr, schnell das gesamte Team gegen sich zu haben.

9. Vermeiden Sie typische Anfängerfehler im zwischenmenschlichen Bereich

Im zwischenmenschlichen Bereich sollten Sie ein hohes Maß an Einfühlungsvermögen zeigen. Dazu einige Empfehlungen:

- Treten Sie zunächst nicht zu „kumpelhaft“ auf, sondern halten Sie sich zurück. Persönliche Freundschaften mit Firmenangehörigen sollten Sie möglichst erst nach der Einarbeitungsphase schließen.
- Auch wenn in den letzten Jahren eine Lockerung in den Umgangsformen eingetreten ist und Sie es vielleicht gewohnt sind, sollten Sie nicht jedem gleich das Du anbieten – es sei denn, es ist bei Ihrem neuen Arbeitgeber allgemein üblich, dass alle per Du sind.
- Nicht jeder hat den gleichen Humor. So kommen beispielsweise schlüpfrige Witze nicht überall gut an.
- Belastbarkeit beweisen Sie nicht durch einen großen Alkoholkonsum bei Ihrem Einstand.
- Geben Sie über niemanden in der Firma abfällige Bemerkungen von sich, auch wenn andere Sie dazu provozieren wollen.
- Beteiligen Sie sich nicht an der Gerüchteküche. Begegnen Sie auf diesem Kanal erhaltenen Informationen mit Skepsis und Zurückhaltung.

- Halten Sie sich bei politischen/religiösen Diskussionen zurück, es sei denn, Sie sind bei einem politisch/religiös stark engagierten Arbeitgeber tätig.
- Halten Sie sich aus Streitereien heraus und bemühen Sie sich um Neutralität.
- Schließen Sie sich vorläufig keiner Untergruppe an. Da Sie als Neuling die Situation noch nicht ausreichend einschätzen können, laufen Sie bei der empfohlenen Zurückhaltung auch nicht Gefahr, sich für eine Seite zu entscheiden, die sich später als die falsche Variante erweist.
- Gehen Sie nicht vorschnell Verpflichtungen ein, deren Einlösung Ihnen später große Probleme bereiten könnte.
- Leihen und verleihen Sie nichts, vor allem kein Geld.

10. Planen Sie Ihren Einstand sorgfältig

In vielen Betrieben ist es üblich, einen Einstand zu geben. Bevor Sie von den üblichen Gepflogenheiten des Teams abweichen, sich in große Unkosten stürzen oder einen ungünstigen Termin aussuchen, erkundigen Sie sich nach der üblichen Vorgehensweise. Laden Sie zuerst Ihren Vorgesetzten ein und holen seine Zustimmung ein, wenn der Einstand während der Arbeitszeit oder in betrieblichen Räumen geplant ist. Anschließend laden Sie persönlich alle Teammitglieder ein. Ihr Aufwand sollte sich im üblichen Rahmen bewegen. Es kommt vorrangig auf die Geste an!

Fast Reader

1. Neu im Unternehmen

Angesichts des sich abzeichnenden Mangels an qualifizierten Arbeitskräften bemühen sich Unternehmen intensiv, passende Mitarbeiter zu finden und längerfristig an das Unternehmen zu binden. Ihre Bemühungen zielen darauf ab, dass aus neuen Mitarbeitern bleibende Mitarbeiter werden, die aktiv und motiviert ihre Ressourcen einbringen. Dabei spielt es eine entscheidende Rolle, dass bereits der Start im neuen Unternehmen gelingt und der erste Eindruck vom neuen Arbeitgeber positiv ausfällt.

30 ***Dem Arbeitsantritt eines neuen Mitarbeiters bringen alle Beteiligten unterschiedliche Erwartungen entgegen:***

- ***Der Vorgesetzte hofft, dass sich der Mitarbeiter schnell einlebt und seine Aufgaben möglichst bald eigenständig und erfolgreich ausführt.***

- ***Ein eingespieltes Team betrachtet einen Neuzugang möglicherweise zunächst als Störenfried. Hilfreich ist es, wenn das Team bereits in den Auswahlprozess einbezogen wurde.***
- ***Einzelne Kollegen könnten den Neuen als Konkurrenz betrachten. Der Vorgesetzte sollte darauf achten, Konflikte frühzeitig zu bereinigen.***
- ***Der Neuling selbst ist anfangs oft verunsichert. Eine gute Einführung kann helfen.***

2. Die Notwendigkeit des Onboardings

Mit einem gut durchdachten, systematischen und formalisierten Onboarding werden die Weichen gestellt, um den Neuling erfolgreich in das Unternehmen einzugliedern und seine Integrationsbemühungen zu erleichtern.
Dazu sollte rechtzeitig vor Arbeitsantritt des neuen Mitarbeiters ein Einführungsprogramm ausgearbeitet werden. Autoren sind im Normalfall der unmittelbare Vorgesetzte und ein Vertreter der Personalabteilung.

Ein auf den jeweiligen Mitarbeiter abzustimmendes Einführungsprogramm 30

- ***vermeidet Frühfluktuation und schafft Bindung an das Unternehmen,***

- ***strafft die Einführungszeit,***
- ***fördert das Interesse des Neulings an dem ihm zugedachten Aufgabenbereich,***
- ***steigert die Arbeitszufriedenheit und hebt die Arbeitsmoral,***
- ***ermöglicht eine fruchtbare Zusammenarbeit der Beteiligten und***
- ***vermittelt dem neuen Mitarbeiter alle Informationen, die er benötigt, um in der neuen Umgebung schnell heimisch und produktiv tätig zu werden.***

3. Die Einstiegsphase

Eine aktive Betreuung des Neulings in der Phase zwischen Abschluss des Arbeitsvertrages und der Arbeitsaufnahme kann beispielsweise die Versorgung mit Informationsmaterial oder die Einladung zu Betriebsbesichtigungen einschließen.
Am Tag der Arbeitsaufnahme ist es wichtig, dass der Neuling pünktlich in Empfang genommen wird. Darauf folgt ein Begrüßungsgespräch, das als nicht delegierbare Chefsache zu betrachten ist. Dabei geht es darum, dem Neuling den Eindruck zu vermitteln, dass er nicht nur als Arbeitskraft, sondern als Person akzeptiert und respektiert wird. Es wäre verfrüht, in intensive fachliche Diskussionen einzusteigen. Als Nächstes wird der

Mitarbeiter mit seinem Betriebspaten bekannt gemacht und in groben Zügen über das Arbeitsumfeld informiert. In einem Rundgang oder bei einem Teammeeting wird er den künftigen Kollegen vorgestellt. Schließlich wird ihm der Arbeitsplatz übergeben. Für den Mitarbeiter ist es eine positive Überraschung, wenn sich sein Vorgesetzter bei ihm kurz vor Feierabend nach seinen Eindrücken erkundigt.
In den folgenden Tagen erhält er von den zuständigen Personen/Stellen weitere Informationen. Diese schließen die Arbeitsentlohnung, Sicherheitsvorschriften, interne Regelungen und Hinweise zu sozialen Einrichtungen und Leistungen sowie betrieblichen Räumlichkeiten ein.

30

Schon vor dem ersten Arbeitstag eines neuen Mitarbeiters kann sein Vorgesetzter viel dafür tun, dass die Einführung gelingt. So ist es Aufgabe des Vorgesetzten,

- ***eine aktuelle Stellenbeschreibung oder andere sie ersetzende Hilfsmittel bereitzustellen,***
- ***zu prüfen, ob neben der Einführung zusätzliches Know-how im Rahmen von Unterweisungen vermittelt werden muss,***
- ***dafür zu sorgen, dass der künftige Arbeitsplatz des Neuen komplett eingerichtet wird,***
- ***einen geeigneten Mitarbeiter als Paten auszuwählen und einzuweisen,***

- ***die künftigen Kollegen über die sich abzeichnende neue Situation zu informieren,***
- ***weitere für das Onboarding wichtige Personen/Stellen rechtzeitig zu informieren,***
- ***die Teilnahme an Einführungsseminar/Werksführung/Betriebsbesichtigung vorzusehen.***

4. Die Arbeitsphase

Mit gutem Recht kann der Mitarbeiter erwarten, dass seine fachliche Integration vorangetrieben wird. In Ergänzung der Stellenbeschreibung werden Aufgaben, Kompetenzen und Verantwortlichkeiten ausführlich erörtert und Hilfsmittel werden vorgestellt. Fairerweise werden Fehlerquellen und vorhersehbare Anfangsschwierigkeiten nicht verschwiegen. Werden die besondere Bedeutung des Arbeitsplatzes und Entwicklungsmöglichkeiten im Unternehmen herausgestellt, kann dies einen Motivationsschub auslösen. Am ersten Arbeitstag sollten dem Neuling Aufgaben zugewiesen werden, die überschaubar, angemessen und herausfordernd sind, sodass er schnell zu ersten Erfolgserlebnissen kommt. Um ihm die Orientierung zu erleichtern, sollten ihm die Organisationsstruktur des Unternehmens und seiner Abteilung sowie die übergeordneten betrieblichen Ziele vermittelt werden. Auch Grundzüge des betrieblichen Vor-

schlagswesens können von Interesse sein. Schließlich ist der Neuling noch nicht betriebsblind, sondern kann aus früheren Arbeitsverhältnissen stammende Erfahrungen einbringen.
Legen Sie auch dar, unter welchen Voraussetzungen Weiterbildungsangebote der Firma genutzt werden können. Sobald fachliche Defizite ausgeräumt sind, sollten gemeinsam Arbeitsziele vereinbart werden. Schließlich ist erfolgreiches Arbeiten die Verwirklichung von Zielen, die allem Planen und Handeln vorangestellt werden.

Wird eine Unterweisung lernpsychologisch optimal aufgebaut, erleichtert dies dem neuen Mitarbeiter den baldigen Ausgleich fachlicher Defizite: 30

- ***Unterweisung vorbereiten***
- ***Vormachen und erklären, zeigen und erläutern***
- ***Nachmachen lassen, wobei der Neue sein Tun erklärt; bei Bedarf korrigieren***
- ***Den Neuling allein weiterarbeiten lassen, Ergebnisse kontrollieren***

Die Führungskraft begleitet die Einführungsphase mit Fortschrittskontrollen. So ist der Mitarbeiter nicht sich selbst überlassen, sondern erkennt, dass sein Vorgesetzter an seiner baldigen und erfolgreichen Einführung interessiert ist.

Der Autor

Hans-Jürgen Kratz nahm langjährig Führungsfunktionen in verschiedenen Bereichen wahr. Seit 1995 ist er als Trainer, Coach, Dozent und Fachbuchautor mit den Schwerpunkten Mitarbeiterführung und Rhetorik tätig. Seither begleitete er circa 700 Bildungsveranstaltungen für unterschiedliche Zielgruppen. Seinen Fokus legt er vorrangig auf das Training von Führungsnachwuchskräften für ihre künftige Vorgesetztenrolle sowie auf das Coaching von Führungskräften.

Kontakt:
Personaltraining Kratz
Wagnerstraße 28
27474 Cuxhaven
Tel.: 04721 6636180

E-Mail: info@personaltraining-kratz.de
www.personaltraining-kratz.de

Weiterführende Literatur

- Blum, Nicole: Erfolgsfaktor Implacement. Neue Mitarbeiter systematisch und zielgerichtet integrieren, Hamburg 2010
- Brenner, Doris u. a.: Implacement – neue Mitarbeiter erfolgreich einarbeiten und integrieren, Köln 2001
- Engelhardt, Sabine: Neue Mitarbeiter erfolgreich einarbeiten. Erfolgreiche Unternehmen investieren in ihr Humankapital, Stuttgart 2014
- Kieser, Alfred u. a.: Die Einführung neuer Mitarbeiter in das Unternehmen, Frankfurt a. M. 1990
- Kratz, Hans-Jürgen: Ihre Antrittsrede als Chef, Regensburg 2010
- Rehn, Marie-Luise: Die Eingliederung neuer Mitarbeiter, München 1990

Register